砖筑技艺的传承与创新

万妍彦　李一霏　著

江苏凤凰科学技术出版社·南京

图书在版编目 (CIP) 数据

砖筑技艺的传承与创新 / 万妍彦, 李一霏著. -- 南京 : 江苏凤凰科学技术出版社, 2022.1
ISBN 978-7-5713-2442-1

Ⅰ.①砖… Ⅱ.①万… ②李… Ⅲ.①民居－砖石结构－研究－中国 Ⅳ.① TU241.5

中国版本图书馆 CIP 数据核字(2021)第 200719 号

\-

砖筑技艺的传承与创新

著　　　者	万妍彦　李一霏
项 目 策 划	凤凰空间 / 夏玲玲
责 任 编 辑	赵　研　刘屹立
特 约 编 辑	夏玲玲

出 版 发 行	江苏凤凰科学技术出版社
出版社地址	南京市湖南路 1 号 A 楼, 邮编: 210009
出版社网址	http://www.pspress.cn
总 经 销	天津凤凰空间文化传媒有限公司
总 经 销 网 址	http://www.ifengspace.cn
印　　　刷	北京博海升彩色印刷有限公司

开　　　本	710 mm×1 000 mm　1/16
印　　　张	9
字　　　数	100 000
版　　　次	2022 年 1 月第 1 版
印　　　次	2022 年 1 月第 1 次印刷

标 准 书 号	978-7-5713-2442-1
定　　　价	78.00 元

图书如有印装质量问题, 可随时向销售部调换 (电话: 022—87893668)。

前　言

从秦砖汉瓦到紫禁城中的金砖,再到地方传统民居中的用材,砖这种古老的建筑材料在中国传统建筑中始终占据着独特的地位。朴素自然的品性和易于操作的特点,使砖作为一种建筑材料得以延续千年,和砖相关的传统工艺也随之传袭至今。中国古建筑营造技艺作为一项国家非物质文化遗产,在当代社会中已处于危险境地,以木作、砖作为代表的营造技艺在传承上也面临诸多问题。

在全球化浪潮冲击下,地方传统材料及其构筑方式在适宜性和经济性方面受到很大的冲击。如何挖掘传统材料及建造工艺的内涵,体现地方建筑的文化特色,是摆在我们面前的一道难题。

在此背景下,本书从砖筑技艺这一视角进行思考和探索,在系统性梳理传统砖筑技艺的构造工艺、装饰工艺的基础上,对砖筑技术特征进行总结,还整理了当前的创新砌筑技艺,同时将"砖筑技艺"落实在建筑、景观的细节处,阐释了砖材在当代创新性传承中的美学原则和应用策略,为完善传统砖筑工艺数据库尽一分力量,将传统建造工艺与情感表达、美学表达相结合,有益于地域文化的保护和传统建筑技术的继承。

全书共五章。第一章是基础研究部分,详细介绍了国内外砖的发展史以及重要历史时期砖筑建筑的代表。第二章全面介绍了中西方传统砖筑技艺,从生产加工到传统砌筑手法。这部分内容是砖的当代应用体系对传统砖筑技艺批判性继承的来源和基础。第三章是当代应用探索和方法的总结,在介绍砖材料发展现状的基础上,从砖的材料性能入手,分析了其应用特征;通过对经典砖筑建筑的研究,归纳出现阶段砖筑技艺的砌筑形式和平面图式语言,总结了砖筑技艺的当代应用策略,也是对传统砖筑技艺的当代应用性传承方法的总结。第四章则是从砖筑形式的视角,对砖筑实践案例进行了具体分析。第五章作为全书的总结,提出了砖及砖筑技艺的未来发展策略。

万妍彦

目　录

第一章
砖的历史及运用

一、关于砖

　　砖是最早的人工建筑材料之一。根据使用地区和年代不同,砖的种类、制作材料、尺寸也不尽相同。大体来讲,砖可分为烧结砖和非烧结砖。非烧结砖的历史比烧结砖长,早期的非烧结砖又被称为泥砖或土砖,由黏土、沙子、石灰或混凝土材料煅烧或晾晒而成,内部以稻草等其他成分作为黏合剂[①],具有耐久、防火、防腐、抗压等性能,是一种简单、耐用、相对廉价的建筑材料。人类使用烧结砖的历史可追溯到约公元前 5000 年。烧结砖坚固结实、经久耐用,尺寸标准,易于重复,适应性强;窑炉的温度和黏土的成分又赋予了烧结砖丰富的色彩和纹理变化。砖的这些特点为设计提供了无穷无尽的可能性。砖材历经悠长岁月,既承载着人类文明发展的悠悠记忆,又见证了人类历史发展的源远流长。

　　砖筑结构具有良好的防火、承重能力和极长的使用寿命。人们利用砖材料创造了许多伟大的建筑工程,如长城(图 1-1)、罗马万神庙(图 1-2)、圣索菲亚大教堂等。这些砖筑建筑凭借其无可比拟的实用价值和文化价值传续了数千年。

　　随着现代技术的不断发展以及可持续发展需求,砖的制作材料和类型也发生了转变(图 1-3)。主要原料由黏土转为利用煤矸石和粉煤灰等工业废料,同时砖

---

① 尼尔斯•凡•麦里恩博尔. 建筑材料与细部结构——砖石[M]. 常文心,译. 沈阳:辽宁科学技术出版社,2016:11.

图 1-1　明长城遗址　　　　　图 1-2　罗马竞技场

图 1-3　黏土、砖坯、成品砖

由实心向多孔、空心发展（图 1-4 ），由烧结向非烧结发展。① 由于先进的材料和工艺不断涌现，砖的主要功能由承重转向围护和装饰，砖砌体特有的真实感和自然气息依然打动着当代的设计师们，砖被大量运用到建筑及景观设计领域。砖不仅能为旧式的建筑物带来魅力，也能为现代的前卫建筑设计及景观设计带来真实具体的造型与厚重的存在感。②

　　建筑材料是构成建筑的物质载体，建筑的需求推动着建筑材料的发展。建筑

① 尼尔斯·凡·麦里恩博尔. 建筑材料与细部结构——砖石[M]. 常文心，译. 沈阳：辽宁科学技术出版社，2016：9.

② 冈本隆. 关于砖[J]. 世界建筑，2012（ 9 ）：24.

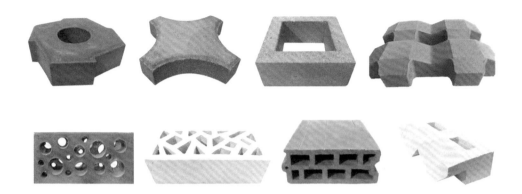

图 1-4　形态各异的砖材料

材料的发明演进史也是建筑的发展进步史。砖是人类应用最广泛的建筑材料,在世界建筑发展史上占据着举足轻重的地位。砖独有的时间性特质和天然的质感,加上精妙的砖筑技艺,造就了砖筑建筑温情、内敛、敦厚的艺术气息。

二、中国砖材料的历史及运用

"土木"泛指建筑工程。其中"土"在大部分地区特指砖材料(包括瓦)。从皇宫到民居,从寺庙到陵墓,砖材料无处不在[1]。传统的砖由黏土烧制而成,以泥浆、石灰、灰浆等黏结,具有很好的耐久、防火、防腐、抗压等性能。

我国原始社会时期的人最早是用天然材料——土来建造简单的住所,如穴居、半穴居,出现了夯土、版筑两种技术,如青莲岗遗址的人工夯土地面等。在生产实践中,人们逐渐发现版筑墙技术灵活性差,特别是转角处和高差变化处不易施工。于是,人们将土和草合在一起,用模具制成土坯(汉代称为土墼)。后来,人们在砌筑过程中又发现土坯存在抗压性能弱、防水防潮性能差、砌体面积大的缺点,于是开始用火来烧制土坯块,遂成为人工材料——"砖"。烧制砖块的技术源于烧制陶器。原始社会时期,人们用火烧制各种陶器以供生活所需。因此,将烧陶的办法用

---

① 张雷,刘玮. 时间的痕迹[J]. 世界建筑,2012(6).

于烧砖①。烧结砖与土墼有着质的差别,它的强度、耐磨性、耐水性等方面都较土墼大为提高。

砖最早的时候是一种保护层的构筑材料,用于地面、台基的护壁,或者用于易磨损的墙壁底层部分②。据考古资料查证,在河南淮阳平粮台先商城址和河南北部龙山文化遗址的房屋墙壁中就出现了人们使用砖的雏形——泥坯土墼。在战国遗址中,已用大块空心砖代替木椁,用来作为墓底和墓壁。虽然当时砖的生产处于早期阶段,产量有限③,但烧制砖的类型已较土墼时期丰富,出现了纹饰砖、方砖、长方形砖、折面砖等(表1-1④)。

秦代是砖发展的兴旺时期,砖的应用趋于多样化,且制作精美。按其用途和制作方法,主要分为铺地砖和大型空心砖两大类(表1-2⑤)。

汉代是制砖大发展的时代,砖被称为瓴甓和墼。砖结构处于十分活跃的探索阶段⑥。制砖在西汉时期成为独立的手工业,条砖代替空心砖被大量运用于墓室,砖石拱壳结构有了重要发展。但砖墓室受土穴安全限度限制,跨度都不是很大,拱跨多在3m左右,穹顶高4~5m。砌砖所用黏合剂大多为泥浆,少数用石灰浆⑦。

东汉后期,砖的主流为承重条砖,还出现了各种异型砖(表1-3⑧),如榫卯砖、楔形砖等。由于这些特殊砖的出现,砖结构也得到了长足发展,主要用于建墓室或水道⑨。东汉时期的砖结构除筒壳拱顶外,还能建双曲扁壳及穹窿。在东汉洛阳灵台遗址发现用条砖按人字形铺设的砖廊道,还有侧面有纹饰的条砖,按一定规律砌成墙壁。

---

① 孙继颖. 空心砖与建筑[M].1 版. 北京:中国建筑工业出版社,1988:11.

② 李允鉌. 华夏意匠——中国古典建筑设计原理分析[M]. 天津:天津大学出版社,2005:211.

③ 孙继颖. 空心砖与建筑[M]. 北京:中国建筑工业出版社,1988:1-7.

④ 河北省文物研究所. 战国中山国灵寿城 1975—1993 考古发掘报告[M]. 北京:文物出版社,2005:58-63.

⑤ 孙继颖. 空心砖与建筑[M]. 北京:中国建筑工业出版社,1988:1-7.

⑥ 孙继颖. 空心砖与建筑[M]. 北京:中国建筑工业出版社,1988:5.

⑦ 孙继颖. 空心砖与建筑[M]. 北京:中国建筑工业出版社,1988:7-10.

⑧ 傅熹年. 中国科学技术史·建筑卷[M]. 北京:科学出版社,2008:187.

⑨ 傅熹年. 中国科学技术史·建筑卷[M]. 北京:科学出版社,2008.

表 1-1　战国遗址出土部分砖的分类及用途

分类	尺寸（cm）	特征及用途	示意图
双面纹饰砖 （又称栏杆砖）	仅有残段	双面都有纹饰，砌在两面都可观赏的位置	
方砖	约37×37×4.5	砖面饰绳纹，背面有指压印，用于铺地	
长方形薄砖	约37.8×28.8×3.6	砖面呈红灰色，有的砖面饰绳纹，有的为对角叉抹纹，用于熔铁炉下部的炉架壁砖	
长方形厚砖	长宽分别为38.7、28.5，厚为4.5或6~7	砖面饰绳纹，背面有拍制时留下的手掌印，用于铺地	
长方形砖	仅有残段	素面，用途不明	
折面砖	仅有残段	表面折成直角，断面呈T形，端头有楔口，纹饰复杂，用于包砌土阶或泥墙外角	—

表 1-2　秦代遗址出土陶砖的分类及用途

类别		尺寸（cm）	特征及用途	图片（局部）
铺地砖	方砖和菱形砖	约 38.8×36×3.8	坯泥未经淘洗，装饰效果弱，铺于次要房间的地面	
	模压壁纹砖	约 44×37.5×4、38×38×3	纹饰严谨美观，质地细密，防潮及耐火性能好，强度大，坚硬耐磨，用于重要建筑的铺地	
大型空心砖	几何空心砖	136×38×18、100×38×16.5	一次成型法制坯，砖体五面均饰模印几何纹，多用于踏步	—
	凤纹空心砖	仅有残段	一次成型法制坯，饰面纹为凤纹，用于踏步	
	高型空心砖	118×36×19	多为素面，一个孔，砖上有印章，发现于遗址踏步台阶	—

　　自三国、两晋以来，条砖应用广泛。砖结构延续东汉时出现的拱券、筒壳、双曲扁壳和叠涩等砌筑形式，还可砌造券门、十字或丁字相交的筒拱、方形或矩形的双曲扁壳、壳体或叠涩穹隆顶等不同形式的拱壳构筑物。此时，砖已应用于地上构筑物，如砖台和砖塔等。据《太平御览》引《述征记》的记载，曹魏洛阳宫的陵云台台身高八丈，有砖砌道路通到台上，这台原是木构台，倾覆以后重建时改为砖砌的。①

　　东晋南北朝以后，砖结构主要用于地上的塔和地下墓室的构建。砖塔是我国

---

① 傅熹年. 中国科学技术史·建筑卷[M]. 北京：科学出版社，2008：258.

表 1-3　汉代遗址出土部分砖的分类及用途

历史时期	分类	品种	尺寸(cm)、特征及用途	图片(局部)
西汉	空心砖	丹凤纹空心砖	约 86×36×17，正面纹饰为对称的朱雀纹，前、右两侧纹饰为丹凤纹。主要用于宫殿垫阶	
		龙虎纹空心砖	约 113×35×18.5，正面中部为方格云纹及方格莲瓣纹组成的图案，周边饰龙虎纹线雕，两侧面饰圆形四芭纹。主要用于宫殿垫阶	
		玄武纹条砖	仅有残段	
	画像空心砖		仅有残段，墓砖，形状多样，有条砖、柱砖、脊砖、三角砖。咸阳和洛阳有出土	
东汉	画像空心砖		约 90×42×15，空心部分内刻绳纹，中部有圆形支柱，两端立面有两个椭圆孔，背面为素面，正面有模制浅浮雕。用于墓壁装饰	

续表 1-3

历史时期	分类	品种	尺寸（cm）、特征及用途	图片（局部）
东汉	条砖	梯形砖	端头两窄边微斜向内,呈梯形,用于接连较紧密的拱券砌筑	
		子母榫砖	一般为平板形,砖两侧面设榫卯	
		拱壳砖	砖四面均设有榫卯,砌单券用砖	—
		楔形砖	侧面无榫卯,有横、竖两种,横的俗称刀形砖,竖的俗称斧形砖。用于砌整体性较好的拱顶	
		弓背砖、扇形砖	两长边呈弧形,与拱券的弧度相应,砖底面用文字编号	
		铺地砖	截面为 70×70,厚 12~15。砖面有几何图案花纹纹饰,砖四侧及底部有多个小圆洞,便于烧透	—

古代主要的高层砖结构工程。许多砖塔高度达到 60~70 m，最高的甚至超过 80 m。不少砖塔历经千余年的岁月，经受了强烈的风暴和地震等灾害的考验，表现出高层砖塔的良好结构性能，是我国古代砖结构技术的重大成就。[①] 始建于北魏正光四年（520 年）的河南登封嵩岳寺塔（图 1-5）是我国现存的最古老的一座砖筑密檐式塔，具有极高的建筑和艺术价值。全塔除塔刹和基石外，均以砖砌筑，砖呈灰黄色，以黏土砌缝 [②]。砖筑墓室数量颇多。

此外，还出现用砖包砌的城门墩、城墙、高台等。[③] 南朝时砖的图案设计、刻模、和泥、制坯、砌筑等工序日趋成熟，特别是制砖工艺技巧性强，出现了模印砖壁画。把图画的线条分块刻成模板，印成几百块砖坯，经烧制后按设计的顺序砌成墙壁，组成大幅壁画。[④]

唐代制砖工艺比较发达。砖的主要类型为条砖和方砖，没有空心砖。条砖为

图 1-5　嵩岳寺塔

① 中国科学院自然科学史研究所. 中国古代建筑技术史[M]. 北京:科学出版社,2000:168.

② 倪修全,殷和平,陈德鹏. 土木工程材料[M]. 武汉:武汉大学出版社,2014:195.

③ 傅熹年. 中国科学技术史·建筑卷[M]. 北京:科学出版社,2008:260.

④ 孙继颖. 空心砖与建筑[M]. 北京:中国建筑工业出版社,1988.

素面,火候均匀、质地坚硬。中小型的条砖用于砌台基和土坯墙的基墙,较大型的条用于砖砌大型高台基和城壁。条砖还用于建造高塔,如唐代西安的大雁塔、小雁塔。

方砖主要用来铺砌地面,分为素面砖和纹饰砖。素面砖铺于平处。宫廷的地面多在方砖中间夹有模压花纹方砖,多用为官员和仪仗队站位的标识,宫殿的室内地面则满用模压花纹方砖铺砌。一些斜坡慢道往往在斜面用模压花纹方砖以防滑,如著名的大明宫含元殿前的龙尾道①。除了条砖和方砖,唐代还出现了砌城专用砖,用于城门、城墙、建筑墩台等处的包砌。洛阳的宫城和皇城的内外全部包砖,所用砖即是特制的砌城用砖,有长边抹斜和短边抹斜两种。

宋代制砖技术较唐代有很大的进步,建筑工程中砖的用量也大增。《营造法式》详载了方砖、条砖,以及各种异型砖的规格、尺寸、用途和制坯方法;还对制砖技术进行了总结提高,如一般砖瓦的烧变次序、窑的形制规格、砌造方法等。宋代,在将作监下属机构中有窑务,设有烧砖瓦场。宋朝的砖已经在燃烧灌木的直焰和倒焰间歇窑炉中烧制。中国是第一个使用倒焰窑烧砖的国家,《营造法式》中还有关于窑炉使用的介绍。②

宋代最大的砖工程是铺砌街道、包砌城墙和城防工事。据陆游《入蜀记》记载,南宋已出现全部用砖砌筑的建筑③。特别是在南宋末年出现的砖筒拱修建城门洞的做法,即出现了用于地上建筑的大跨度拱券,较汉代的砖拱券结构有了技术上的进步。砖构建筑物主要为墓室和塔④,如河北定州市开元寺塔(图1-6)。开元寺塔由十余种不同规格的青砖砌成,最大的砖长70cm,宽24cm,厚10cm。塔的外部涂饰白色。全塔越向上塔径越小,层高越低。塔的上部外轮廓呈弧线内收。塔的腰檐用砖砌叠涩挑出,塔顶用砖砌仰莲和覆钵。塔身各层外壁内均有一周回廊,廊顶为砖砌两跳斗拱。塔内各层之间设有砖阶直达顶层。⑤

---

① 傅熹年. 中国科学技术史·建筑卷[M]. 北京:科学出版社,2008:330.

② 詹姆斯·w.p. 坎贝尔. 砖筑建筑历史[M]. 杭州:浙江人民美术出版社,2016:92.

③ 中国科学院自然科学史研究所. 中国古代建筑技术史[M]. 北京:科学出版社,2000:167.

④ 傅熹年. 中国科学技术史·建筑卷[M]. 北京:科学出版社,2008.

⑤ 李默,《图说历史丰碑·塔寺园林》广州:广州旅游出版社,2013:56.

图 1-6　河北定州市开元寺塔

　　元代体量最大的砖砌建筑是在大都修建的释迦舍利灵通之塔和在五台山修建的释迦文佛真身舍利宝塔。这两座喇嘛塔自基座至"十三天"（俗称"塔脖子"，由十三道"相轮"简化而来），外表全部用砖砌成[①]。

　　明代砖的生产和砌造技术有较大发展。《天工开物》中卷的"陶埏"篇中记载了砖瓦的制作和品种，如砖有砌空斗墙的"眠砖""侧砖"，铺地的"方墁砖"，代替望板的"艎板砖"，砌拱券的"刀砖"等品种，以及烧制的火候，用柴、用煤为燃料时窑形的变化等[②]。

　　明代砖砌城墙技术成熟，砖被大量用于较重要城市的城墙包砌。明代还逐渐在自山海关至山西段城的两侧包砌砖石，建成砖石城。嘉峪关六个城台、两个敌台、两个箭楼角台、三个马道、罗城都是青砖包砌的，除闸门楼外的五座城楼、两座敌楼、四座角楼、两座箭楼的墙体均由青砖砌筑。这些用砖的设施均是防御的重要部位，说明砖是当时最可靠的建筑材料。嘉峪关筑城所用的砖都是实心砖，规格无定制。[③] 长城沿线还修建了大量的敌台和烽堠，敌台和烽堠的一、二层用砖砌，如北京八达岭长城、河北滦平县金山岭长城（图 1-7）、山西偏关烟墩（图 1-8）等。

① 傅熹年. 中国科学技术史·建筑卷[M]. 北京:科学出版社,2008:559.

② 傅熹年. 中国科学技术史·建筑卷[M]. 北京:科学出版社,2008:702-704.

③ 张晓东. 嘉峪关城防研究[M]. 兰州:甘肃文化出版社,2013:111.

图 1-7　河北滦平县金山岭长城 ①　　　　　图 1-8　山西偏关烟墩 ②

　　全砖拱券结构开始用于构建地上建筑，一般是修建宫殿和坛庙，用于寺庙的俗称"无梁殿"，用于居室的俗称"锢窑"或砖窑洞。③ 明代的几座大型无梁殿是中国历史上所建的最大的砖石拱券结构，如南京灵谷寺无梁殿、北京皇史宬等，这些建筑都表现出明代在砖石拱券建筑设计和施工上的高度成就。明代还砌造了一些砖塔。南京大报恩寺塔是明初所建最高大豪华的砖塔，在砖结构技术上反映了当时的最高水平。

　　明代"金砖"是一种由细泥精工制成的高质量大块铺地方砖，坚固耐久，有金石之声，主要用于建造宫殿等重要建筑。故宫铺设金砖的面积也很有限，集中在太和殿、中和殿和保和殿。明时工部郎中张问之所著的《造砖图说》，对"金砖"的制造过程进行了详细阐述。④

　　清代除各地建砖城墙、城门外，在国家工程中有少量较大型的砖结构建筑，如北京的钟楼、颐和园智慧海、北海西天梵境琉璃阁等，都是大型砖拱券结构，但在砌

① 图片来源 http://dp.pconline.com.cn/dphoto/list_1749385.html。

② 图片来源 http://bbs.zol.com.cn/dcbbs/d167_223015.html。

③ 傅熹年. 中国科学技术史·建筑卷[M]. 北京：科学出版社，2008：687-688.

④ 孙继颖. 空心砖与建筑[M]. 北京：中国建筑工业出版社，1988：15.

造技术上无明显创新。[①] 明朝以后,砖逐渐发展成地方民居建造的主要材料,延续了明朝以来的砖筑手法,如安徽的古民居、闽南红砖古厝等。砖墙在明清时期飞速发展,出现了表现为独立建筑形式的影壁墙。

19 世纪,中国建筑进入近代历史时期。西方建筑体系的横向传播打断了中国传统建筑体系的纵向延续,以钢筋、水泥为代表的现代建筑材料、结构方式、施工技术等,极大冲击了以手工业为主的中国传统建筑体系[②]。纵观我国古代建筑历史,砖及砖筑建筑的发展出现过两次高潮。一次是在汉代,工匠们摸索出各种砖筑砌法,砖石拱壳结构成型,为之后的砖结构发展奠定了基础。第二次高潮是在明代,由于制砖技术提高,砖被大量运用在建筑上,砖筑技艺随之显著提高,砖结构跨度增加。同时,砖筑技艺在工匠们的不断实践中得以提高和总结。[③]

砖虽然一直是中国传统建筑的重要角色,但始终没有成为主流。中国传统建筑的主体受力体系以木结构为主。木结构受力体系的成熟抑制了砖石结构的探索和发展。中国(乃至日本、朝鲜等东方国家)古代的砖石结构建筑体系与古埃及、古希腊、古罗马、波斯等世界其他文明古国以砖石结构为主的建筑体系相比较,存在一定的距离。

三、其他国家砖材料的历史及运用

砖既坚固又耐久,在古代是永恒的象征,随着时间的推移也成为人类力量的象征。古埃及、古希腊、古罗马、波斯等世界其他文明古国建筑的主体受力体系多以砖石结构为主,工匠们创造了诸多杰出的砖筑结构,建造了一批伟大的砖筑建筑。世界上最早的砖是在约旦河畔的新石器时代遗址——杰里科遗址发现的。这种雏形阶段的砖的历史可追溯到公元前 8300 至公元前 7600 年。这些砖是手工制造的,做工粗糙,在太阳下晒干,基本尺寸大约为 260 mm × 100 mm × 100 mm,砌

---

① 傅熹年. 中国科学技术史·建筑卷[M]. 北京:科学出版社,2008:785.

② 邓庆坦. 图解中国近代建筑史[M]. 武汉:华中科技大学出版社,2009.

③ 中国科学院自然科学史研究所. 中国古代建筑技术史[M]. 北京:科学出版社,2000:168.

筑时用泥土作为砂浆①。

公元前 3000 年左右,古埃及的工匠用木质模具制泥砖。古埃及的泥砖为长方形,有各种尺寸。泥砖主要用于墙、住宅、塔门、商店等的建造,并且古埃及人还发明了砖砌建筑结构——拱券和拱顶,如古埃及底比斯拉美西斯二世陵庙库房的砖拱②。

最早的烧结砖出现在美索不达米亚。在古代,烧结砖不是日常的建筑材料,由于其价格昂贵,只用于建造寺庙和宫殿等建筑。美索不达米亚人使用的砖有四种:平凸形砖、长方形砖、正方形砖、带砖(即底面为长方形、剖面为正方形的砖)(图 1–9),主要用于建造公共建筑山岳台,如乔加赞比尔古遗址(图 1–10)。山岳台的主体用泥砖建成,外部用烧结砖加固,防止被雨水或洪水冲蚀,并用沥青砂浆砌筑③。

古巴比伦人完善了烧制砖的模制和上釉工艺,用来制作浮雕,达到了很高的水平,如古巴比伦的伊什塔尔门。

公元前 500—1000 年时期,产生了很多新砖筑的技术,建构了很多杰出的砖

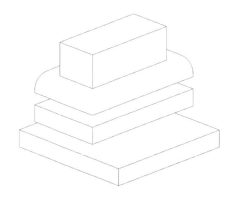

图 1–9　美索不达米亚人使用的砖的形状④

---

① 詹姆斯·W.P. 坎贝尔. 砖砌建筑的历史[M]. 杭州:浙江人民美术出版社,2016:26.

② 詹姆斯·W.P. 坎贝尔. 砖砌建筑的历史[M]. 杭州:浙江人民美术出版社,2016:29.

③ 詹姆斯·W.P. 坎贝尔. 砖砌建筑的历史[M]. 杭州:浙江人民美术出版社,2016:32.

④ 詹姆斯·W.P. 坎贝尔. 砖砌建筑的历史[M]. 杭州:浙江人民美术出版社,2016.

图 1-10　美索不达米亚文明 乔加赞比尔古遗址 ①

筑建筑。制砖成为一个成熟的盈利行业。早期的古希腊建筑形式很简单,普遍使用泥砖,烧结砖未普及。普通的建筑和城墙都是用泥砖砌筑。在使用烧结砖的少量建筑中,它们一般被用作泥砖房屋的柱础。

古罗马人在沿用古希腊砖筑方式的基础上完善了制砖工艺,丰富了砖的类型(表 1-4),创新了砖筑结构,砖筑建筑成就斐然。砖和砖筑建筑成为了古罗马建筑的重要特征。古罗马砖被大量用于修建城市和住宅。大多数的古罗马建筑将砖作为混凝土的饰面,并配合装饰性砖构件丰富建筑立面。图拉真市场(图 1-11)是留存至今的最有表现力的装饰性砖砌建筑 ②。

奥斯蒂亚古城(图 1-12)是古罗马砖筑建筑发展的高峰期的代表。几乎所有的奥斯蒂亚建筑都是砖砌建筑,其中很多用雕刻精美的砖构件装饰。古罗马制砖业此时已经开始生产模制成型的装饰性砖构件,配合雕刻成型的砖构件用于建筑立面。

古罗马人还用砖修建装饰性砖墙、水渠、桥梁和浴场,如克劳狄水渠、奥斯蒂亚海神浴场等。此时,出现了专门为浴场制造的空心砖。

拱券和拱顶是古罗马建筑的重要标志 ③。古罗马大多数拱券是砖拱券。砖拱券通常在两端使用较大的两尺砖(拜佩达利斯),并采用楔形灰缝。古罗马人还建造了一些砖穹顶。最早期的古罗马穹顶是用混凝土建造的,如万神庙的穹顶。这个

① 图 1-10 来源于 http://blog.sina.com.cn/s/blog_4930ecbc0102xbbf.html。

② 詹姆斯·W.P. 坎贝尔. 砖砌建筑的历史[M]. 杭州:浙江人民美术出版社,2016:52.

③ 赫尔穆特·施耐德. 古希腊罗马技术史[M]. 张巍,译. 上海:上海三联书店,2018:100.

表 1-4　古希腊、古罗马时期砖的分类

时间	类别		尺寸（mm）、用途、特征
古希腊时期	泥砖	方形泥砖	早期的古希腊建筑、筑墙，295×443
		矩形的吕底亚砖	
	烧结砖		未普及，少量作为柱础使用
古罗马时期	非烧结砖	律狄乌穆（lydion）	440×295
		彭塔多戎（lydion）	长、宽均为四个手掌长
		忒特剌多戎（tetradoron）	长、宽均为三个手掌长
	烧结砖	条砖 1	440×290×140，用于阿雷佐的城墙
		条砖 2	长 450~470，宽 300~320，厚 50~65；用于乌尔布斯萨尔维亚的城墙
		贝萨利斯（bessalis）	200×200×45（最小的罗马砖），切割后用于墙面或建造罗马浴场火坑供暖系统中支撑底板的支柱、砌砖墙
		佩达利斯（pedalis）	295×295，整块用于浴场火坑供暖系统支柱的顶部和底部，也被切割成更小的砖块使用，砌砖墙
		赛斯奎佩达利斯（sesquipedalis）	443×443×50，建造浴场火坑供暖系统的地面、砌砖墙
		拜佩达利斯（bipedalis）	750×750×60，用于拱、拉结层和墙（切成三角形后使用）
	空心砖	箱形砖	发现于奥斯蒂亚
		半箱形砖	用于浴场墙体
		有突起的方形砖	砌住宅中的空心层，发现于庞贝
		楔形空心砖	用于浴场天花板供暖
		弧形空心砖	用于浴场天花板拱顶

时期，砖主要用于建造支撑万神庙穹顶的大发券。在之后建造的穹顶中，砖才逐渐取代了混凝土，被砌筑成层层相叠的拱券来增加强度。舒瓦西在《建筑史》一书中记载了许多砖穹顶的实例，其中包括位于克罗地亚斯普利特的戴克里先陵墓以及位于塞尔维亚萨洛尼卡的加莱里乌斯宫 ①。

---

① 詹姆斯·W.P. 坎贝尔. 砖砌建筑的历史[M]. 杭州：浙江人民美术出版社，2016：59.

图 1-11 图拉真市场遗址 ①

　　拜占庭工匠们创造了一些具有装饰作用的砖砌筑方式。早期拜占庭砖筑建筑主要为砖材料的装饰性砌筑，如放射状的砌砖、横向和竖向的砌砖、砖带和石条相间的混合式砌筑（如基督君王教堂）（图 1-13）等。中世纪后，不仅砖筑纹样愈加丰富，工匠们还发明了凹进砖或隐藏砖层的技术。具体做法是一层砖正常砌筑，一层砖凹入墙内完全用砂浆覆盖，这样交替砌筑②。从外表上看，墙就像是用一半的砖砌筑而成，每层砖之间是极厚的灰缝。最具代表性的是泽伊雷克清真寺（原为基督全能者修道院）的砌筑方式（图 1-14）。

---

① 图 1-11 来源于 https://www.douban.com/photos/album/1616522573/? start=0
② 詹姆斯•W.P. 坎贝尔. 砖砌建筑的历史[M]. 杭州：浙江人民美术出版社，2016：63.

17

图 1-12　奥斯蒂亚古城遗址 ①

图 1-13　基督君王教堂局部 ②

---

① 图 1-12 来源于 https://www.ximalaya.com/lvyou/20390423/173606782。

② 图 1-13 来源于 http://zh.advisor.travel/poi/Du-Jun-Wang-Jiao-Tang-6174

图 1-14　泽伊雷克清真寺 ①

　　拜占庭式建筑的杰出代表圣索菲亚大教堂(图 1-15)就是典型的砖筑建筑。大教堂的墙完全是由砖砌筑而成的,只是建筑内部和外部的砖墙都已粉刷,只能看到一些小面积的砖。建造该建筑使用的最主要的砖长、宽都约 375 mm,厚40~50 mm。大教堂的大穹顶由轻质砖砌筑而成。

　　早期的伊斯兰建筑不乏杰出的砖筑建筑代表,如萨珊王朝的泰西封王宫、萨马拉大清真寺和萨曼陵墓等。萨珊王朝的首都泰西封建有一座完全用砖建造的宫殿(图 1-16),它被认为是古代奇迹之一。这一雄伟的建筑只有一小部分留存至今,其中就有世界上最大的无筋砖砌拱顶,跨度达到 25.3 m。

　　著名砖筑建筑约旦的穆萨塔宫(743—744 年)、伊拉克的乌赫地伊宫(约750—800 年)和萨马拉大清真寺(848— 852 年)(图 1-17)等,延续了拜占庭和

① 图 1-14 来源于 https://www.thepaper.cn/newsDetail_forward_3595530

图 1-15　圣索菲亚大教堂 ①

图 1-16　萨珊王朝的首都泰西封宫殿遗址 ②

图 1-17　萨马拉大清真寺 ③

---

① 图 1-15 来源于 https://www.sohu.com/a/139525489_709771

② 图 1-16 来源于 https://www.sohu.com/a/217775639_788167。

③ 图 1-17 来源于 https://www.sohu.com/a/217775639_788167。

萨珊王朝的砖筑传统,使用的砖一般都为正方形砖,用泥砖和烧制砖砌筑厚墙,外观雄伟宏大。

萨曼陵墓(图1-18)(位于乌兹别克斯坦布哈拉)是中世纪中亚建筑艺术的典范。波斯人在这一建筑中首次使用烧结砖。这座建筑体量异常的小,是一个边长为10.8 m的立方体。墙砖以沙色方砖为主,尺寸大约为(220~260)mm×(220~260)mm×40 mm,运用切割和装饰性砌筑方式,拼成了精巧别致的花草鱼虫或历史故事图案,灰缝为10毫米宽。建筑还用到了专门模制的砖和一些模制构件,如柱子等。

1000—1450年的中世纪是一个前所未有的宗教统治时代。这些宗教都在砖筑建筑上留下了深深的印迹,从亚洲到欧洲、到中东⋯⋯

缅甸的蒲甘古城(图1-19)保存至今的约有2000座寺庙,是世界上最大的砖砌宗教性古建筑群。蒲甘窣堵波由截面为长方形的砖(长370~400 mm,宽180~225 mm,厚50 mm)砌筑而成。蒲甘窣堵波的所有拱顶都采用楔块拱券的形式,将砖的表面切割成所需形状,采用侧砖砌法,用石灰砂浆砌筑而成。由于这些砖由冲积黏土模制而成,砖的质地均匀、密度大、颗粒细、坚硬、锐利,所以砌筑精

图1-18 萨曼陵墓

度高,灰缝不到 5 mm 宽。

中世纪,意大利的砖筑技术在欧洲处于领先地位。博洛尼亚和米兰等城市是中世纪砖筑建筑迅猛发展的中心。由于这些城市位于河谷大平原,石材匮乏,但冲积黏土丰富,原材料的丰富使得砖的制作大有突破。意大利工匠使用不同种类的冲积黏土,生产出了不同颜色的砖,并在砌筑建筑墙体时采用亮红色的砖,再混合其他颜色的砖,形成装饰效果①。其中最精美的砖筑建筑是博洛尼亚圣斯德望圣殿(图 1-20)。

图 1-19 蒲甘古城

图 1-20 博洛尼亚圣斯德望圣殿

① 詹姆斯·W.P. 坎贝尔. 砖砌建筑的历史[M]. 杭州:浙江人民美术出版社,2016:83.

意大利工匠经过不断实践,发展出了独特的砖筑建筑檐口装饰语言——拱券挑檐(图1-21)。檐口上部采用棱角牙砖和凸出的线脚,其下为凸出墙面的一系列用陶砖或切割砖砌成的微型拱券和垂饰[①]。在之后的教堂中,这种檐口装饰进一步复杂化,加入了相连的拱券。

意大利托斯卡纳的锡耶纳古城(图1-22)的城市建筑被誉为"意大利哥特式建筑之典范"。城内大多是棕红色的砖石老屋。锡耶纳的田野广场建于古罗马广场原址上,在1327—1344年间用红砖和大理石铺地。曼吉亚塔楼(图1-23)于1338—1348年建造,高102 m,是最高的砖砌建筑之一。建筑物下层是石材建造

图1-21 拱券挑檐[②]

① 詹姆斯·W.P. 坎贝尔. 砖砌建筑的历史[M]. 杭州:浙江人民美术出版社,2016:83.

② 图1-22 来源于 http://blog.culture-routes.net/a-walk-in-siena-as-a-pilgrim/

图 1-22　锡耶纳古城 ①　　　　　图 1-23　曼吉亚塔楼

的，上层是砖材建造的。

　　中世纪时期，伊斯兰文明覆盖了从西班牙到印度的广袤地区。由于石材的匮乏，砖成为首选的建筑材料。普通建筑用泥砖建造，重要的建筑用烧结砖。这一时期，伊斯兰砖筑建筑突出的特点主要是繁复的装饰砌筑技术，这是在萨曼陵墓切割和砌合手法上发展而来的，如布哈拉的卡扬宣礼塔（图 1-24 ）。另一个特点是彩色釉面砖的发展，釉面砖与普通砖块结合砌筑，创造出各种组合图案。釉面砖的发展使得装饰性砌筑逐渐衰退，面砖逐渐取代了砖的砌筑，成为主要的装饰材料 ②，代表建筑如完者都陵墓（图 1-25 ）(位于伊朗北部苏丹尼耶)的釉面砖穹顶。

———

①https://www.ivsky.com/tupian/siena_v61430/pic_985793.html

② 詹姆斯·W.P. 坎贝尔. 砖砌建筑的历史[M]. 杭州：浙江人民美术出版社,2016:116.

图 1-24　卡扬宣礼塔①　图 1-25　完者都陵墓②

文艺复兴时期,意大利建筑最重要的建筑墙体的主材料仍是砖。建筑师用砖来模仿古典时期的石质建筑,承重墙体先用砖砌筑,再用石材、陶砖或粉刷饰面,因为小块砖墙抹灰接缝的墙体形式不符合古典建筑形式的要求。意大利砌筑建筑的主要成就在佛罗伦萨。建筑师布鲁涅列斯基取得了砖筑结构技术的空前成就。他用砖代替了大型拱券中楔形石块的作用,建造出了佛罗伦萨的圣母百花大教堂穹顶(图 1-26)③。巨大的穹顶依托在交错复杂的构架上,上半部分用砖砌成,下半部分由石块构筑。

16 世纪,随着巴洛克风格在意大利盛行,意大利砖筑建筑的主流时代结束。巴洛克建筑追求外形自由、材料统一和夸张的装饰,砖及砖筑技艺已不能满足这一需求。砖筑建筑立面受到砖材料本身的尺寸限制,即使采用颜色与砖相同的砂浆,也无法达到无灰缝的连续动感立面效果④,取而代之的是石膏工艺前所未有的发展。

15—16 世纪,装饰性的砖筑纹样在英国得到发展。砖筑纹样是间隔使用颜色与墙面大部分砖的颜色明显不同的丁砖(在砖砌体中,砖的短边顺着砌体或墙的长

① 图 1-24 来源于 http://blog.sina.com.cn/s/blog_5f732dac0101i9eu.html。

② 图 1-25 来源于 https://zh.advisor.travel/poi/Dan-Ni-Ye-3329/photos。

③ 詹姆斯·W.P. 坎贝尔. 砖砌建筑的历史[M]. 杭州:浙江人民美术出版社,2016:126.

④ 詹姆斯·W.P. 坎贝尔. 砖砌建筑的历史[M]. 杭州:浙江人民美术出版社,2016:133.

图 1-26　圣母百花大教堂及穹顶

边称丁砖[1]），在砖墙墙面砌出纹样。菱形砖筑纹样成为英国砖砌建筑的一个重要特征，其中很多作品都留存至今，如汉普顿宫（图 1-27）、剑桥大学圣约翰学院等，主要采用深绿色或黑色的砖砌筑菱形纹样。

图 1-27　汉普顿宫[2]

①https://baike.baidu.com/item/%E4%B8%81%E7%A0%96/3141609? fr=aladdin

② 图 1-27 图片来源 https://www.uniqueway.com/countries_pois/nG4D67Gj.html

17—18 世纪,英国的制砖和砖筑技术达到前所未有的高度。砖在伦敦城的建造过程中被广泛应用,伦敦成了砖筑的城市。随着对砖需求量的剧增,一方面发展出将泥和灰混合的烧制砖的新方法,一方面催生了严格的建造规范。规范规定了建造中各个方面的参数,完善了砖的打磨和标准技术。同时,对砖筑技术也提出了更高要求,即追求干净的灰缝线条和齐整的高质量砖墙,代表性建筑有霍尔汉姆府邸 [①](图 1–28)。

18—19 世纪,从手工业时代发展为机械化大工业时代。制砖技术发生了有史以来最大的变革,砖的需求大幅增长,砖得以量产。砖的身影无处不在,出现在铁路隧道、下水道、工厂、住宅、办公楼、博物馆和教堂等 [②]。砖在建筑中的表现形式更丰富,如多色砖筑建筑、理查德森的塞弗尔大楼、赖特的亚瑟住宅等,但砖筑技艺的变革并不剧烈。即使进入 20 世纪,砖筑技艺依然未受到科技发展的明显冲击。

以上地域的砖筑建筑发展历史向我们展示了砖的诸多优势和砖筑技艺的众多可能,呈现出与中国传统砖筑建筑不同的传统与文化特征。

图 1–28 霍尔汉姆府邸 [③]

---

① 詹姆斯·W.P. 坎贝尔. 砖砌建筑的历史[M]. 杭州:浙江人民美术出版社,2016:194.

② 詹姆斯·W.P. 坎贝尔. 砖砌建筑的历史[M]. 杭州:浙江人民美术出版社,2016:202.

③ 图 1–28 图片来源 https://www.treasurehouses.co.uk/houses/

第二章
传统的砖砌筑技术

每种材料都有其自身独特的属性,有适合于它的结构方式和构造做法。砖是典型的受压材料,适合于砖的建造方式是砌筑。砖的砌筑作为一种最简单、最直接的与重力对抗的方式,自然而然成为人类早期最主要的建造方式[①]。砌筑就是砖、石、砌块等块体材料通过砂浆黏结成整体或者不使用砂浆而干砌来构成建筑整体的一种建造方式。

砖与砖的砌筑技术伴随着人类文明的发展而不断进步和完善,已成为一个完整的体系,是传统营造文化的重要组成部分,具有令人信服的设计哲学和建造智慧,具有高效、方便、实用、美观、环保等优势[②]。

一、中国传统砖筑技术

我国是砌体大国,砖筑技术有着非常悠久的历史。我国传统砖筑技术经过了漫长的历史发展,在不同地域不同形式的建造活动中,智慧的劳动人民创造出许多砌砖组合形式,并形成了一套十分完整的工艺体系,如墙体砌筑、拱券砌筑、屋面做法和装饰工程等。

---

① 袁烽,张立名. 砖的数字化建构[J]. 世界建筑,2014(7).
② 李凇,雷冬霞. 文化传承和创新视野下乡土营造的历史借鉴[J]. 城市建筑,2018(4).

（一）砖材料

中国传统建筑砖料的规格一直比较混乱。不同的规格、不同的工艺、不同的产地、同种产品不同的名称等多种因素交织在一起，派生出许许多多的名称，各地砖窑生产的砖料规格只能做到大致统一，从未达到标准化。

宋《营造法式》在卷十五中列有 13 种规格尺寸（ 表 2–1 ）（ 营造尺：长 × 宽 × 厚)[①]。

表 2-1 宋《营造法式》所列砖材料

名称	种类及用途	规格(cm)
方砖	5 种	61.4×61.4×9.2,52.2×52.2×8.6,46×46×8.3, 39.9×39.9×7.7,36.9×36.9×6.1
条砖	2 种	39.9×20×7.7,36.9×18.4×6.1
压阑砖	1 种,用于地面	64.5×33.8×7.7
砖碇	1 种,用于蹬柱	35.3×35.3×13.2
牛头砖	1 种,用于城壁	39.9×20×7.7(或 6.8)
走趄砖	1 种,用于城壁	面为 36.9×16.9×6.1；底为 36.9×18.4×6.1
趄条砖	1 种,用于城壁	面为 35.3×18.4×6.1；底为 36.9×18.4×6.1
镇子砖	辅助用料	20×20×6.1

清工部《工程做法则例》也列出几种常见砖的尺寸，只是为了便于算料的一种取定，并没有做出详细规定。为了便于掌握施工，根据一般工程使用情况，进行大致统一分类，一般分为城砖、停泥砖、砂滚子砖、开条砖、方砖和杂砖等六类。我国古建筑工作者对常用砖料尺寸进行了整理统计，提出了一些参考尺寸，供施工和维修备砖参考。

1. 城砖

城砖是古建筑砖料中规格最大的一种砖，常用于城墙、台基、屋墙下肩等体积较大的部位。由于规格大小和生产工艺等不同，又分以下几种（ 注：以下尺寸为砖

---

① 田永复. 中国园林建筑施工技术[M]. 北京:中国建筑工业出版社,2002:146.

材料的参考尺寸)。

按规格大小命名的有:大城砖(470 mm×240 mm×128 mm)、二城砖(440 mm×220 mm×128 mm)。这是城砖中最常用的砖,即指大号、二号砖。

以产地命名的有:临清城砖,特指山东临清所生产的砖,因质地细腻,品质优良而出名。

以生产工艺命名的有:澄浆城砖(470 mm×240 mm×128 mm)和停泥城砖(470 mm×240 mm×128 mm)。澄浆城砖是将泥料捣制成泥浆,经沉淀后取上面细泥制成。停泥城砖是用优质细泥(简称"停泥")烧制而成,规格较城砖稍小的普通常用砖,各地均可烧制,一般用于墙身、地面、砖檐等常规部位。它依规格大小分为大停泥(410 mm×210 mm×80 mm)和小停泥(280 mm×140 mm×70 mm)两种。

2. 砂滚子砖

砂滚子砖是指用砂性土烧制而成的砖,质地较粗,是上述砖中品质较次的一种。一般只用于不太显眼部位的背里砖和糙墙砖。依规格大小分为大砂滚(410 mm×210 mm×80 mm)和小砂滚(280 mm×140 mm×70 mm)两种。

3. 开条砖

开条砖是指规格尺寸比较小,而宽度要比长度小 1/2,厚度又较宽度小 1/2 以上的细条形砖,它与我们现代黏土砖相似,一般在制作中,常在中部划有一道细长浅沟,以便施工时开条。多用来补缺、开条、檐口等需要现场砍制的部位使用。它也依规格大小分为大开条(288 mm×144 mm×64 mm)和小开条(245 mm×125 mm×40 mm)两种。

4. 方砖

方砖是专指平面呈方形的一种砖。多用来作为博风板、墁地砖,依其营造尺规格分为尺二方砖(384 mm×384 mm×58 mm)、尺四方砖(448 mm×448 mm

×64 mm）、尺七方砖（554 mm×554 mm×80 mm），以及二尺方砖（640 mm×640 mm×96 mm）、二尺二方砖（704 mm×704 mm×128 mm）、二尺四方砖（768 mm×768 mm×144 mm）等。

其他杂砖指未列入上述类别的其他砖，包括四丁砖（240 mm×115 mm×53 mm，又称兰手工砖，与现代规格标准砖相同）、斧刃砖（240 mm×120 mm×40 mm，贴砌斧刃陡板之砖）、金砖（尺寸同尺二方砖和尺七方砖，原为专供京都用的京砖，产于江南苏吴一带，质地很好，强度较高，击声清脆）等[1]。

（二）砖的加工

1. 砖三个面的名称

在古建筑工作中，工匠们为方便加工工艺的交流，将砖料的三个面命名为"面""头""肋"（图2-1）。砖的这些名称一直沿用至今。

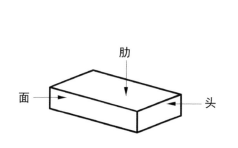

用于卧墙砖时

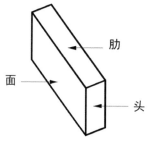

用于陡墙砖时

图2-1　砖三个面的名称

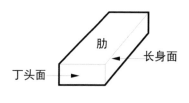

图2-2　卧砖长身

（1）"面"及相关名称

"面"是指主看面，即砖料朝外的那一面。在卧砖墙中，平砌砖的侧面朝外成为主看面时，称为"长身面"（图2-2）。长身面的加

① 田永复.中国园林建筑施工技术[M]. 北京:中国建筑工业出版社,2002:145.

工,要保证长身面的四棱必须相互垂直,其他各面则应砍削出便于砌筑和灌浆的灰口,称为"砍包灰"(图2-3)。在侧立砌砖地面中,当砖的侧面朝上成为主看面时,则称它为"柳叶面"。在陡砌砖墙中,当立砌砖的大面朝外成为主看面时,则称此大面为"陡板面",也称为"陡板"(图2-4)。

(2)"头"及相关名称

"头"是对砖料小面的一种称呼。在一般砖墙中称为"丁头面",当丁头面放于转角部位时,称它为"转头"。丁头面的加工,必须要保证丁头四棱的整齐,除丁头面以外的其他各面,则应砍包灰(图2-5)。

(3)"肋"及相关名称

"肋"是指除看面和丁头面以外的那一面。在一般砖墙中,除主看面和丁头面以外,其他一面称为肋;如方砖地面中的方砖,除朝上的主看面外,没有丁头面,则其他两面都称为肋,如图2-6所示。在砖墙砌体中,除淌白砖外,一般正规用砖的肋,都要经过砍磨加工,此称为"过肋"或"劈肋"。在肋面留出一段只磨平而不砍

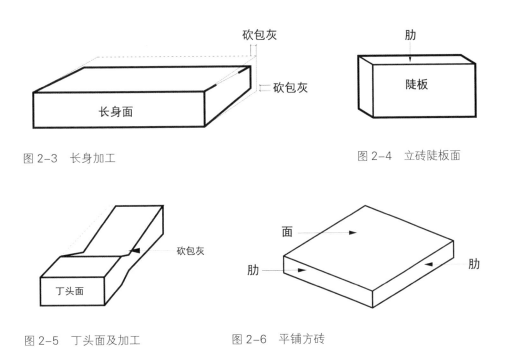

图2-3 长身加工

图2-4 立砖陡板面

图2-5 丁头面及加工

图2-6 平铺方砖

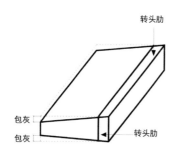

图 2-7　转头肋

包灰的部分，称为"转头肋"(图2-7)。

2. 砍砖

在砌筑时，对砖的规格、形状进行切、磨等加工，使砖满足规格、形状和外观要求的过程称为砍砖。按加工后砖的尺寸不同可分为"七分头""半砖""二寸条""二寸头"[1](如图 2-8)。在墙体两端采用"七分头""二寸条"来调整错缝。

3. 加工工艺

①五扒皮：这是指对砖的五个面需要进行加工的意思，这加工的五个面是指两

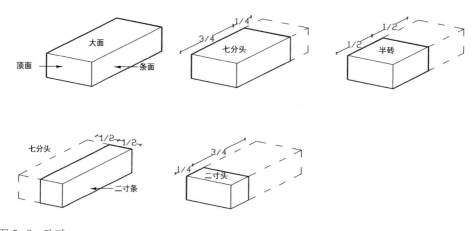

图 2-8　砍砖

---

① 张力. 图解砌体工程施工做法[M]. 哈尔滨:哈尔滨工业大学出版社,2016:33.

肋、两面、一丁头,按规定的长、宽、厚尺寸进行砍磨,并留出转头肋。五扒皮砖一般用在干摆做法的砖砌体和细墁条砖地面中(图 2-9)。它的加工过程为:磨平加工面,棱边"打直(划直线),打扁(凿去多余部分),过肋,砍包灰(砍去尺寸为：城砖为 5~7 mm,停泥砖为 3~5 mm),磨肋(将过肋磨平),截头(对砖端头按要求尺寸截断磨平)"。

②膀子面:当砖的一个大肋面只磨平不砍包灰,而该肋面与长身、丁头两个面互成直角,此肋面特称为"膀子面"。膀子面砖一般用在丝缝做法的砌体中。它也是加工五个面,其中一个加工成膀子面,加工做法同五扒皮,如图 2-10 所示。

③淌白头:淌白之意近似蹭白,蹭即磨,白指无特殊修饰,蹭白是指磨素面的意思。淌白砖是指进行简易加工的砖,分为细淌白和粗淌白两种。

细淌白又称为淌白截头,只对一个面或头和一根棱进行磨、截,不砍包灰不过肋,即只"落宽窄",不"劈厚薄"。

粗淌白又称为淌白拉面,只对一个面或头和一根棱进行铲磨,不截头也不砍包灰,既不"落宽窄"也不"劈厚薄"。

④三缝砖:砖的上缝、左缝、右缝的三个面和看面都需进行加工的砖。这种砖只用于不需全部加工的砌体中,如干摆墙的第一层、槛墙的最后一层和地面靠墙部位的砖。

⑤六扒皮:它是指砖的六个面都需加工。这种砖一般用于一个长身面和两个

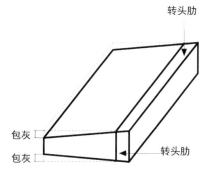

图 2-9　五扒皮砖

图 2-10　膀子面砖

丁头面同时露明的部位,如山墙墀头用砖。

⑥盒子面:地面方砖经加工的一种面砖,加工方法同五扒皮,铲磨大面、过四肋,四个肋要互成直角,包灰 1~2 mm。

⑦八成面:也是地面方砖经加工的一种面砖,加工方法同盒子面,不过加工精度只要求达到八成即可。

⑧干过肋:地面方砖进行粗加工,砖的大面不铲磨,只铲磨四肋,不砍包灰。

(三)传统砖筑技术及营造方式

在我国传统建筑中,砖用于墙体、砖顶结构和装饰工程的营造。经过工匠们不断的实践和总结,创造发展出多样的砖筑技术(表 2–2)。

表 2-2　中国传统砖结构建筑主要技术分类

砖结构	主要形式	主要砌筑技术
墙体砌筑	实砖墙、包砖墙、包框墙、封火墙	平砖丁砌错缝、平砖顺砌错缝、侧砖顺砌错缝、平砖顺砌与侧砖丁砌上下层组合式、席纹式、空斗式、平砌或扁砌式
砖顶结构	砖拱壳、砖叠涩	平砖顺砌、平砖顺砌错缝
装饰工程	砖铺地、砖贴面	平铺砌、虹面垒砌

1. 墙体砌筑

(1)砌筑形式

初期的传统建筑砖砌墙体多是单砖、单向、单面,采取上下错缝的形式垒砌。到汉代随着砖的规格趋向统一标准化,砌砖形式便发展到单砖多向、多面及空斗等各种组合形式,其中有些形式为后代所继承并沿用至今。明朝中叶,民间砖墙体已经有灌斗墙、空斗墙、鸳鸯墙与单墙等多种类型,这些砖墙的砌法除空斗砖及饰面砖外,基本上都是平砖砌筑[1]。以空斗墙为典型修造技术的代表,即墙体用砖侧砌或平、侧交替砌筑成的空心墙体。具有用料省、自重轻和隔热、隔声性能好等优点[2]。

---

[1] 中国科学院自然科学史研究所. 中国古代建筑技术史[M]. 北京:科学出版社,2000:171.

[2] 鹿习健. 小议传统砖墙发展与明清砖墙文化[J]. 砖瓦,2020(7).

在砖的垒砌技术方面,初期的砌法多是干砌(不用胶结材料),而东汉以来已较多地使用泥浆、灰浆等胶结材料,砌砖技术也有各种不同做法①,同时也产生了各种不同的墙体砌筑形式(表2–3)。

(2)砌砖工艺

砌砖工艺包括斫砖、磨砖、灌浆、填料、粉刷、镶嵌、贴面等各个环节。砌砖的技术因建筑的功能性质、墙体所在部位及砖材品种的不同而不同。战国时期砌砖用泥浆胶结,汉代有磨砖对缝、灌灰浆、镶嵌贴面等做法,历代相传,虽无文献记载,但从明清做法可见其大概。按砌砖工艺的精粗不同,可分为如下几种②:

①磨砖对缝:将毛砖砍磨成边直角正的长方形,砌筑成墙时,砖与砖之间干摆灌灰浆,墙面不挂灰,不涂红,整个墙面光滑平整,严丝合缝。发展到明清时期,宫室、殿宇、居室、苑囿等重要建筑墙壁下部的裙肩、槛墙、影壁、看墙、门墙等建筑的重要部位,都采用磨砖对缝的手法(图2–11)。

磨砖对缝的技术要求是先将条砖五面中心部分进行"五扒皮"(图2–12)。即砍掉一层,砖的四边及露明一面用砖加水磨光,达到角正边直,规格一致。砌墙时先在边口刮油灰(桐油合灰)少许,以免碰伤边角,再干砖平摆顺砌错缝,然后在每层内部灌注白灰浆。砌完后,外面再用砖加水磨平,达到外观有缝不见缝为止。每砌五线(层)内加暗丁(丁砖)一道,使之上下叠压与墙体相联。暗丁的做法系用开条砖,中间摆丁砖称为暗丁(图2–13),使其上下层叠压,将墙体内外皮联成整体。

②磨砖勾缝(又叫撕缝):一种很费工的做法,其做法细致程度仅次于磨砖对缝。外面露细灰缝,一般灰缝不大于4 mm。用砖仍需"五扒皮"或磨五面,砖面加工略为粗糙。墙心仍加砌暗丁,砌筑时在下面垫瓜子灰或碎砖片(背山)。墙表面用水磨平、勾缝,再用黑烟加胶水用毛笔刷黑。这种砌法用于较为重要的墙体,从

---

① 中国科学院自然科学史研究所. 中国古代建筑技术史[M]. 北京:科学出版社,2000:16.
② 中国科学院自然科学史研究所. 中国古代建筑技术史[M]. 北京:科学出版社,2000:170.

表 2-3 传统建筑砖墙体砌筑形式 ①

名称	特征	相关描述	示意图
平砖丁砌错缝	一种较早的墙体砌法。这种砌法的砖块上下错缝,互相交搭,墙体较厚。由于墙体为弧形,故其稳定性良好,能承受一定的侧向推力	见于郑州市新郑县战国时期冶铁遗址的通气井,及西安西汉长安礼制建筑周围圜水沟拥壁下部墙基	
平砖顺砌错缝	为单砖墙,墙体较薄,稳定性差,不能过高,能承受一定的力。有些为了加强墙身的稳定性,采用两道单砖墙体相并的砌法	见于郑州市新郑县战国时期冶铁遗址浇铸槽壁及西汉条砖基壁	
侧砖顺砌错缝	壁体单薄(一砖厚 6.5 cm),受力及稳定性都很差,不可作为承重或受力结构墙体	在洛阳市新安县铁门镇西汉中期墓群 10 号墓墓室,除墓门外,其余三面壁体都是此砌法	
平砖顺砌与侧砖丁砌上下层组合式	墙厚一砖长或两砖宽。砌法是在平砖顺砌错缝的墙体当中,每隔 1~3 层加砌一层侧砖丁砌的砖;也可将上下各平砖顺砌的层数灵活增减,如逢单为一或二层则逢双为二或三层,有规律地轮换平摆砖的层数;或只在墙脚,或只在墙头用一道或二道侧砖丁砌,作为墙面装饰	封建社会末期,江南地区民间工匠称其为"玉带墙"或"实滚墙"。这种砌法在东汉时期已盛行于黄河流域,后来扩展到江南地区,并流传到近代	

① 中国科学院自然科学史研究所. 中国古代建筑技术史[M]. 北京:科学出版社,2000:168–169.

续表 2-3

名称	特征	相关描述	示意图
席纹式或"实滚芦菲片"式	砌法为平砖顺砌与侧砖丁砌两者轮流砌一层后,上层砖的砌法则与下层(平、侧)相反,即单层砖的砌法与双层砖的砌法相反	墙面外观如编席纹样,流传至今,江南一带称为"实滚芦菲片"或"编苇式"墙	
空斗式及空斗式	可以空砌,也可以实砌。空砌可以节省工料,降低造价。一般空斗墙均在斗里装填泥土、碎石、碎砖等。西南地区的空斗墙只在下部填泥,上部仍作空斗	首见于洛阳烧沟汉墓封门砖、甘肃嘉峪关汉画像砖墓。流传至明清时,为民间建筑所用,发展出多种形式且地域性强	
平砌或扁砌式	分若干种形式:①平砖丁砌;②平砖顺砌;③两层上下错缝砌(一层平砖顺砌 一层平砖丁砌);④几层平砖顺砌之后砌一层平砖丁砌;⑤每层平砖三顺一丁、二顺一丁、一顺一丁(工字、十字)等各种砌法	③见于河南新密市打虎亭砖石混合壁画墓后室后壁;④见于洛阳汉河南县城居住遗址304号房基北壁砖墙	

图 2-11　磨砖对缝 ①

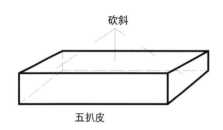

图 2-12　"五扒皮"

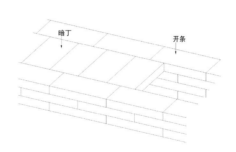

图 2-13　暗丁

下到上都一样做法的叫"缝子到家";如裙肩(下减)作磨砖对缝(干摆),上身作缝子砌法,则称为"干摆下减缝子心"。

　　③淌白撕缝:这种砌法用于一般房舍墙垣,砖只磨外露一面。砌砖用泼浆灰(白灰加白泥),砌好之后墙面仍须磨平,使灰缝与砖面在同一平面,用青灰与胶水调匀再加石灰的灰浆(线子灰或月白灰)刷灰缝,使灰缝与砖色一致。

　　④带刀灰:砖不需加工,用砖刀括灰勾缝的砌法,为垒砌一般房舍墙垣上身之用。墙身如为全顺砖,则墙心仍需加暗丁,否则砌三顺一丁、五顺一丁或梅花缝等。

　　⑤糙砌(草砌):砖不需加工,不用勾缝,灰缝较大,多为加抹灰面的墙体(浑水

---

① 图 2-11 图片来源 http://blog.sina.com.cn/s/blog_4aa4e2060100hc66.html

墙）的砌法。砌砖可作三顺一丁等砌法，若为顺砖清水墙面，其墙心仍需加砌暗丁。

2. 砖顶结构

砖顶结构多用于墓葬、砖塔、城门洞、无梁殿等传统建筑上，具有耐腐、耐水、耐火等特性。在长期使用过程中，砖顶的结构和施工方法都不断地有所创新、发展，由梁板式结构发展到筒拱结构、拱壳结构、叠涩结构，在砖顶结构技术上获得较高的成就[1]（表2-4）。

（1）梁板式结构

砖顶结构是一种早期砖顶结构形式，用于空心砖墓的墓顶。这种砖顶结构是发挥砖的抗压性强的特性，因袭木椁室的墓顶结构，用空心大砖代替了木椁顶部的木板发展而来的。但用空心砖做顶盖，它的长度将受到一定的限制，

另一方面空心砖的长度也受到制坯上的局限。工匠用"片作法"制坯时，将手臂伸入空腔里合缝抹平，故空心砖的长度不能超过手臂长度的两倍。因此，一般的空心砖长都在1.3 m左右，最长不超过1.5 m。

后来，为了增加砖顶盖跨度而产生了"尖拱""折拱"形式，但因结构不成熟，加之受到制砖工艺限制等原因，故它的出现时间不长，数量不多。可以将"尖拱"和"折拱"视为梁板式结构到筒拱结构的过渡阶段。

（2）筒拱结构

筒拱由拱券连续砌筑而成，用在墓室顶部。汉以后有大发展。这时的筒拱有两种砌法，即并列筒拱和纵联筒拱。

①并列筒拱：并列筒拱是由若干道拱券并列构成筒拱的。其优点是施工简便，只用一道很窄的券胎支架即可施工，缺点是各道拱间只靠灰浆联系，整体性差[2]。

②纵联筒拱：纵联筒拱的坚固性和承载力都优于并列筒拱。纵联筒拱是通过咬合，使各道拱之间产生了纵向联系，把整个拱筒连为一个整体，如河南襄城茨沟汉画像石墓的前室。砌纵联筒拱的券胎要比砌并列拱的券胎宽，难度也比砌并列筒拱大。

① 中国科学院自然科学史研究所. 中国古代建筑技术史[M]. 北京:科学出版社,2000:17.

② 傅熹年. 中国科学技术史·建筑卷[M]. 北京:科学出版社,2008:190.

表 2-4　砖顶结构技术的运用与发展

名称	构造方式	砌法	示意图
梁板式结构	砖顶盖结构	用空心砖砌成平面,代替木板作为墓室顶盖	
筒拱结构	并列筒拱	以条砖之长边顺拱跨竖立砌拱	
		以条砖侧立砌拱	
		用条砖斜砌并列筒拱	
		用异型砖砌并列筒拱	
	纵联筒拱	用条砖砌拱时使相邻各道拱券的砖互相交错咬合	
拱壳结构	方形拱壳顶	拱脚的四边随着拱的弧度,以平面为方圈的砌法,逐圈向中心收砌成顶	
	长方形拱壳	方形拱壳加一段并列拱的组合形式	
	盝顶式拱壳	拱壳的中心移到长方形平面的中心	
	十字形接缝拱壳	先以丁头砖砌逐层内倾砌成四个三角形帆拱,再以方弧形圈砌向上聚合成顶	
	对角线接缝拱壳	砖层层斜砌,向中央收拢而成顶	

续表

名称	构造方式	砌法	示意图
叠涩结构	斜头砖砌叠涩	用斜头砖作叠涩砌,是叠涩结构的初期形式	
	普通条砖砌叠涩	因斜头砖加工麻烦,遂用普通条砖作叠涩砖	

（3）拱壳结构

拱壳结构的出现是砖拱结构的重大发展,使砖筒拱由原筒拱的单向结构向双向结构发展[1]。随着制砖工艺、砌筑技术的发展以及使用需求的增加,砖拱壳发展出众多形式。

（4）叠涩结构

叠涩顶结构始见于东汉,叠涩顶的轮廓线仍与拱壳顶相似,但构造方式不同[2]。叠涩的砌法是用砖平砌,逐层挑出少许,或靠后部的重量,或通过四面斗合相抵来保持稳定。叠涩顶的砖块不但受压还要受剪,在施工上叠涩顶的砌筑较拱壳方便,而砖的规格也较少。早期的叠涩顶见于河南襄城茨沟汉墓的中后室墓顶。砖砌叠涩结构方式汉代以后还在砖塔塔顶、塔檐、门窗等处被普遍运用。

3. 砖铺地和砖贴面

（1）砖铺地

砖铺地是砖最早在建筑中的运用形式。《考工记》中有记载"堂涂十有二分"。

---

① 中国科学院自然科学史研究所. 中国古代建筑技术史[M]. 北京:科学出版社,2000:178.

② 中国科学院自然科学史研究所. 中国古代建筑技术史[M]. 北京:科学出版社,2000:179.

东汉末郑玄对这句话的解释是"若今令甓襵也"。"襵"指堂前的道路,"令甓襵"者,就是用砖铺成的道路。这说明在《考工记》之前已有砖铺地①。

在早期的传统建筑中,砖铺地突出的技术难点是铺地砖与基层的结合。西周时期,工匠将砖底面做成乳突或凸棱状,使砖与基层紧密结合。在秦咸阳宫遗址发现的子母榫铺地砖、临潼区秦俑坑长廊内的楔形铺地砖、望都一号汉墓中的扇形铺地砖则是运用咬合的原理,使砖铺地十分牢固。这些都是从铺地砖本身形式的变化着手来改善铺地的平整性与稳固性的。

发展至汉唐时期,迎来了我国古代铺地工程技术上的一个飞跃,即铺地砖本身形式的变化和铺砌技术的进步。宋《营造法式》卷十五记载:"铺砌殿堂等地面砖之制,用方砖,先以两砖面相合,磨令平,次斫四边,以曲尺较令方正,其四侧斫令下棱收入一分。"即室内铺地用方砖,在铺砌之前要先磨砖面,使其表面平整,磨砖的方法是两砖对磨。然后砍磨四边,用曲尺(角尺)校正,使各边互成直角。斫四侧的目的是留有缝隙,使胶结物能挤进砖缝而表面不露缝。这种铺地技术沿用至明清。

(2)砖贴面

砖贴面最初是为满足防护需求,多出现于檐口和建筑转角。到宋以后,砖的生产和加工技术有了很大发展,砖才作为装饰性贴面材料逐渐普遍起来,出现在槛墙、影壁、硬山墙、墀头等建筑部位。

贴面的砖较之一般用途的砖,更光洁美观,通常在贴面之前都经过刨磨或雕刻。明清时把这种经过加工的砖称为"细清水砖"。这种砖是经选料特制而成的,平整且孔隙细小,特别是施以雕刻的砖尤为讲究。

砖饰面的方法分为拼砌和贴面两种。拼砌的面砖多用在普通砌砖过程中,它与砌墙、砌券是结合在一起的,即直接用模制的花砖、刻花砖或画像砖砌墙及起券。如南京西善桥油坊村南朝大墓,第一甬道的两壁各有拼砌 1.05 m × 0.65 m 的整幅砖刻狮子图案,采用了整体装配的施工方法,构造方法与普通砌墙、砌券相似,只是

① 中国科学院自然科学史研究所. 中国古代建筑技术史[M]. 北京:科学出版社,2000:180.

图 2-14　照壁面砖贴砌方式　　　　　　　　图 2-15　古建筑照壁

在组成图案和花纹时,对这些贴面砖需经过一定的磨制校正,以消除制砖过程中产生的变形。

贴面砖的砌筑方式取决于基层材料。如果基层是土结构或砖结构,则多采用胶泥贴面的方法,胶结料有泥土、石灰等,如明清的照壁、槛墙的面砖贴砌方式(图 2-14、图 2-15)。

对于木质的基层,如额枋、过梁、檩条等,面砖的固定常采用钉、挂的方法。这种贴面砖都预先在适当的位置留出孔洞,用铁钉、竹钉钉或用铁丝绑扎在基层构件上。明清时还常把博缝砖做成 L 形,或把额枋、过梁的面砖做成 [形,并把钉眼留在面砖的上方或底部,采用既钉又挂的方法固定面砖①。

明清以来我国南方地区的水磨砖墙及门框、窗框的做法,常常是把面砖的背面开出榫槽,直接挂在木质榫头上嵌入基层,既牢固又美观(图 2-16)。

① 中国科学院自然科学史研究所. 中国古代建筑技术史[M]. 北京:科学出版社,2000:184.

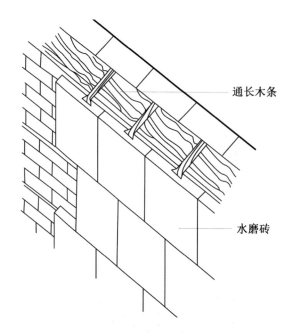

图 2-16　南方地区的水磨砖饰面做法

虽然中国传统建筑选材的实践原则是"五材并用",但是砖的发明,改善了中国古代土木建筑的质量,延长了建筑的寿命,也影响了木作、土作技术的改进。砖筑技术体现了古代人民对砌块建构的智慧。

二、西方传统砖筑技术

(一)砖材料

砖的规格和接合方式在不同时间、不同地区存在很大区别。因此在有些情况下有助于粗略地断代。因为同一个砖厂也会同时生产不同尺寸的砖,所以不能只靠砖的规格来推断建筑年代。1200 年左右生产的砖相对较大, 13 世纪中期以后生产的砖逐渐变小,在 17 世纪和 18 世纪人们特别偏爱长条形的砖块[1]。在德国吕

---

[1] 陈雳. 欧洲历史建筑材料及修复[M]. 南京:东南大学出版社,2017:85-86.

贝克古建筑发现的砖块规格如下：

1200 年左右，浪漫主义时期砖的尺寸为：长 29cm、宽 14cm、厚 10cm；

1279 年左右，哥特式早期砖的尺寸为：长 28cm、宽 13.5cm、厚 4.5cm；

1590 年左右，文艺复兴时期砖的尺寸为：长 28cm、宽 13.3cm、厚 7.5cm；

1872 年起，帝国主义时期砖的尺寸为：长 25cm、宽 12cm、厚 6.5cm；

1952 年起，德国工业标准砖的尺寸为：长 105.24cm、宽 11.5cm、厚 7.1cm。

后来随着德国以米作为长度单位，一些州取消了"英寸"制。对于墙砖引入了"帝国规格"，它是以基本长度砖的规格加上合缝为基础的。它规定合缝为10 mm，支座为 13 mm，这样 13 层垒砌的高度为 1 m。除了"帝国标准"外，德国北部从 1898 年起进一步推行了地区标准：

基本标准，23 cm × 11 cm × 5.5 cm；

奥尔登堡标准，22 cm × 10.5 cm × 5 cm；

汉堡标准，22 cm × 10.5 cm × 6.5 cm；

克洛斯特标准，28.5 cm × 13.5 cm × 8.5 cm。

(二)西方传统砖筑技艺

虽然大多数砌筑方法已经存在了很长时间，但是大多是由 19 世纪一些著作的作者发明的。此处总结了一部分最常见的砌法（表 2–5），每一种砌法都拥有它自己独特的效果。

前面阐述了东西方传统砖筑技艺，以及砌砖工匠发明的各种把简单的黏土块转变成极其复杂的建筑结构和美丽图案的砌筑方法。在制造业高度自动化的今天，砖的砌筑基本没有受到现代技术的影响。对砖而言，砌筑方法是最主要的方法，究其原因主要有两个方面：首先，它在自然界中没有模型，是完全基于抽象计算的，它是一个规则的系统，用来创造一种可读的，但是很大程度上不可见的合成物；其次，它是一种秩序，一种束缚，一种由系统强加的约束的表现[1]。古人的营造智慧

---

[1] 普法伊费尔. 砌体结构手册[M]. 大连：大连理工大学出版社，2004：32.

表 2-5　西方传统砌筑方法

砌筑方法名称	相关描述	示意图
丁砖砌法	适用于一般墙体,抗压强度高,常用于地基。但砖叠合部位小,接缝处易产生斜裂缝。19 世纪末丁砖砌法被广泛应用,如德国吕贝克的圣玛利亚教堂的外立面	
英式砌法	基本的组合砌砖方式,丁砖和顺砖交错排列,平面上增强了抗压强度和侧向稳定性,立面上呈经典的花式图案,是最庄重的和最有影响的砌筑法	
英式十字砌法、圣安德鲁砌法	在英式的基础上增加一排顺砖,增大墙壁厚度	

砌筑方法名称	相关描述	示意图
哥特式砌法	又称荷兰式砌法,是英式十字砌法的变体,在丁顺组合层中使用丁砖,打破顺砖的排列,立面上形成十字花纹与丁砖穿插出现的效果。多用于当时的纪念性建筑的砌筑	
哥特式砌法变异		
跳丁砖砌法	又称修道士砌法或约克郡砌法,在北欧中世纪建筑风格中处于支配地位。每层中使用双倍顺砖。立面呈现水平方面的编织效果,可以用在强调水平线条的墙体中。抽出部分丁砖,可以形成空洞稍小的蜂窝状立面	
跳丁砖砌法变异		
西里西亚砌法	每一层中一块丁砖与三块顺砖交替,共 12 层	
西里西亚砌法变异	又称佛兰德花园墙砌法,在斜交叉模式方面类似于佛兰德砌法,它的一个巧妙变化是每一层中一块丁砖与三块顺砖交替,共 12 层	

砌筑方法名称	相关描述	示意图
佛兰德砌法	又称荷兰砌法或英式交叉砌法。其特征是每个模式段里五块阶梯状丁砖呈对角放置,线条活跃,适宜于大的表面砌筑	
美式砌法	又称英式花园墙砌法。墙面上三层或者通常是五层顺砖在两个丁砖层之间压半砖放置。由于多用顺砖层,这种砌法稳定性差,图案简单	
顺砖砌法–压半砖	是一种运用很广泛的隔墙砌法,比例均匀,但用于大面积的表面砌筑时会显得过于单一	
顺砖砌法–压 1/4 砖	也称为斜顺砖砌法,在垂直灰缝的布置中创造出一种韵律来引导视线	
顺砖砌法变异 1	主导顺砖层的水平重量与一个垂直层和斜的"交叉结"形成对照	

砌筑方法名称	相关描述	示意图
顺砖砌法变异 2	垂直方向呈现两种图案轮换变化,三排顺砖为一个单元	
顺砖砌法变异 3	在顺砖的连续排列中规律性穿插深色丁砖	

深邃巧妙,其中营造思想的沿袭、营造技艺的传承、营造精神的弘扬,均需我们不懈地努力①。

---

① 李浈,雷冬霞. 文化传承和创新视野下乡土营造的历史借鉴[J]. 城市建筑,2018(4):65.

第三章
砖筑技艺的当代演绎

　　砖筑技艺是传统建筑技艺的重要组成部分,它不仅体现了技术问题,还蕴含了人文问题。砖筑技艺的传承不能仅限于历史技艺的存储,而应将其转化为当代设计的资源,并予以创新性的运用。我们需要汲取传统砖筑技艺的内涵,在当代语境下将其与材料、结构知识的科学认知融合在一起 [1],创建砖材建造的当代模式。

一、当代砖材料的发展

　　材料是建筑的物质基础。不同的材料,因其类别、物理性能和应用特性的不同,会赋予建筑不同的功能、空间、结构和美学特征。

　　随着环保理念的普及和工业化生产的需求,砖的原材料和加工过程发生了改变,砖的物理性能得以提升,砖的适应性增强。由于传统实心黏土砖的原材料对环境会造成不可逆的破坏,同时其生产方式粗放,缺乏相应的规范限制,我国政府出于对耕地的保护发布了禁止使用实心黏土砖的规定。2005 年,《国务院办公厅关于进一步推进墙体材料革新和推广节能建筑的通知》规定:到 2010 年底,所有城市禁止使用实心黏土砖,全国实心黏土砖年产量控制在 4000 亿块以下。大力发展能耗低、保温隔热性能好的再生砖,禁止或限制生产高能耗的实心黏土砖,不仅在生产环节节约了能源,还使砖砌建筑性能得到有效改善,降低了建筑物使用过程中

---

① 赵亚敏,辛善超,孔宇航. 中国传统建造体系的现代转化线索研究 [J]. 建筑学报,2020(5):66.

的能耗。

（一）砖的类别

砖指长、宽、高分别小于 365 mm、240 mm、115 mm 的建筑用人造小型块材，多为直角六面体，也有各种异型砖①。

砖作为主要建筑材料在人类建造活动中应用十分广泛。随着时间的推移、技术的发展，砖的种类日益繁多。按照不同的分类标准，可以将砖分成表 3-1 所示的不同种类。②③

（二）砖的特性

砖的性质受原材料、生产工艺和砖的种类、规格的影响。砖材的材料特性和应用特征决定了其在砌筑形式上的语言表达和应用表现，影响着砖作在整个传统建造技术体系中的使用方式。

1. 砖的材料特性

（1）力学性能

材料的力学性能决定于材料在建筑中的存在形式。砖的密度大、坚硬，其抗压强度远胜于土坯砖，故被用作柱子、承重墙等受压结构构件。砖砌筑成砖柱或砖墙时，出现了多种砌筑形式以及拱券、叠涩等砖筑结构。这些砖筑结构的出现就是因为砖材料本身很难形成较大的跨度，将砖材料建成受压构件并组合形成一定的跨度，不仅解决了技术问题，也带来了拱券等具有审美价值的结构形式。

砖材料体积较小，砖砌体需要砂浆的黏结。当砌体内的砖同时受到较大的弯、剪、拉、压复杂应力状态时，其抗拉、弯、剪的强度远低于它的抗压强度④。所以砖筑墙体的抗剪性较差，薄弱之处主要在于砌块之间的灰缝。

---

① 徐文远. 建筑材料[M]. 武汉：华中科技大学出版社，2008：25.

② 施惠生，郭晓潞. 土木工程材料[M]. 重庆：重庆大学出版社，2011：196-202.

③ 苏州市城乡建设档案馆. 砖忆[M]. 苏州：古吴轩出版社，2017：21.

④ 周美川，赵玉霞. 混凝土结构与砌体结构[M]. 北京：冶金工业出版社，2014：238.

表 3-1 砖的分类

分类标准	类别		特征与用途
按原料分类	黏土砖		采用传统生产工艺,挖土制成的砖,应用最为广泛。多用于承重结构墙体
	土坯砖		古建筑砖料,生产简便,不耐潮,抗压性弱,多用于墙体上部和内部
	草砖		新兴的一种建筑材料,主要成分是干草,经过挤压,捆绑而成。造价低、选材容易、无污染、保温、重量轻,但易燃、易被虫蛀,多用于框架结构和围护结构。可用于规模较小、简单的建筑承重结构
	玻璃砖		一般作为结构材料,用于墙体、屏风、隔断等
	新型砖		利用工业和建筑废料制成的砖,如粉煤灰砖、炉渣砖、矿渣砖、煤矸石砖等
按制作工艺分类	烧结砖	烧结普通砖	以黏土、页岩、煤矸石和粉煤灰等为主要原料,经成型、焙烧而成的实心或孔洞率不大于 15% 的砖。具有一定的强度、较好的耐久性、一定的保温隔热性能,主要被用于各种承重墙体和非承重墙体等围护结构
		烧结多孔砖	以黏土、页岩、煤矸石、粉煤灰、淤泥及其他固体废弃物等为主要原料经焙烧而成的砖,孔洞率在 28% 以上,强度较高,常用于砌筑 6 层以下的承重墙
		烧结空心砖(空心砖)	以页岩、煤矸石或粉煤灰为主要原料,经焙烧而成的具有竖向孔洞(孔洞率不小于 40%,孔的尺寸大而数量少)的砖。使用空心黏土砖,可减少砖的运输费用,提高砌筑效率,节约砌筑砂浆,降低建筑物自重,提高保温隔热性能,调节室内湿度。发展高强多孔砖、空心砖也是我国墙体材料改革的方向
	非烧结砖	蒸压灰砂砖	是以石英和砂为主要材料,经细磨、混合搅拌、陈化、压制成型和蒸压养护制成的。强度等级高的砖用于基础及其他建筑部位,次之的用于砌筑防潮层以上的墙体
		蒸压(养)粉煤灰砖	以电厂废料粉煤灰为主要原料,掺入适量的石灰和石膏或再加入部分炉渣等,经配料、拌和、压制成型、常压或高压蒸汽养护而成的实心砖。可用于工业与民用建筑的墙体和基础;不得用于长期受热(200℃以上)受急冷急热和有酸性介质侵蚀的建筑部位
		炉渣砖	以煤燃烧后的炉渣(煤渣)为主要原料,加入适量的石灰或电石渣、石膏等材料,经混合、搅拌、成型、蒸汽养护等而制成的砖。可用于一般工程的内墙和非承重外墙,但不得用于受高温、受急冷急热交替作用或有酸性介质侵蚀的部位
		混凝土多孔砖	以水泥为胶结材料,以砂、石等为主要原料,加水搅拌、压制成型的一种多排小孔的混凝土砖。制作工艺简单、节省能耗、保温隔热性能好、强度较高,多用作围护结构和隔墙
按孔洞率大小分	实心砖		无孔洞或孔洞率小于 25%。类型多,一般用于承重结构和维护结构
	多孔砖	混凝土多孔砖	以水泥为胶结材料,以破碎的建筑垃圾、工业矿渣为主要骨料加水搅拌、成型、养护制成的一种多排小孔的混凝土砖,孔洞率大于等于 30%,属于非黏土、非烧结性的块材
		烧结多孔砖	烧结多孔砖是以黏土、页岩、粉煤灰为主要原料,经成型、焙烧而成的多孔砖,孔洞率大于等于 15%,孔的尺寸小而数量多,孔洞分布面大且均匀,主要适用于承重墙体材料[1]
	空心砖		孔洞率大于等于 40%,原料是黏土和煤渣灰,质轻、消耗原材料少

---

[1]https://baike.baidu.com/item/%E7%A9%BA%E5%BF%83%E7%A0%96/865214? fr=aladdin

分类标准	类别		特征与用途
按是否通氧分类	青砖		由黏土烧制而成。在烧制过程中加水冷却,使黏土中的铁不被完全氧化而呈青色;青砖在抗氧化、水化、大气侵蚀等方面性能明显优于红砖,但工艺较复杂,目前生产应用较少
	红砖		是以黏土、页岩、煤矸石等为原料,经粉碎,混合捏练后以人工或机械压制成型,干燥后经焙烧而成。焙烧时燃料燃烧完全,窑内为氧化气氛,使砖坯中的铁元素被氧化成三氧化二铁,砖呈红色。有一定的强度,耐久性、保温绝热和隔声性能较好。适用于作墙体材料,也可用于砌筑柱、拱、烟囱、地面及基础等
	灰黑色的砖		烧制后期通入水蒸气发生化学反应形成的砖
按年代分类	古砖		最迟制作于清末的黏土砖,如宋砖等
	现代砖		采用现代生产工艺生产的砖
按加工方式分类	普通砖		砖出窑后,不经过任何打磨工序直接使用的砖,如普通砌块砖
	打磨砖		对砖块表面进行少许打磨后使用的砖,如黄道砖
	细料砖(砖细)		对砖进行细致打磨后使用的砖,如室内铺地方砖
	装饰砖		砖雕(砖细工艺品)
按古建中的使用程度和范围分	通用建筑砖	条砖	常见的墙体用砖,规格多,"八五砖"是最常用的一种
		望砖	专门铺在椽子上的薄砖;用来承受瓦片的重力,阻挡瓦楞中雨水的渗漏,防透风、落尘
		黄道砖	墙体地面两用砖;因出窑时讲究"讨口彩",选择"黄道吉日"而得名
		角砖	外形为直角形,专门的墙角用砖
		槛砖	用于门槛的砖
		细料方砖	经精心打磨的砖,又称清水砖。一种大规格的可用于室内铺地,如金砖;一种用于墙体贴面,如古民居中大门两侧的照墙;一种用于台面贴砌,如须弥座、花台等
	特种建筑砖		在特定部位使用,主要种类有井砖、屋脊空心砖、墓砖、装饰砖等

(2)耐久性

砖材在耐久性能上有绝对的优势。砖材料有较好的化学稳定性,不易被腐蚀,出现其他化学反应的概率低,后期维护容易。质量好的砖墙即使没有后期的维护,也能长时间屹立不倒。

(3)耐火性

砖的耐火性好,能经得起高温。在砌成墙壁后,由于砌筑的质量和砂浆的耐火性能较差,砖墙的耐火性不如砖材料本身[1]。

---

① 陈文贵,吴建勋,朱吕通.中国消防全书(第一卷)[M].长春:吉林人民出版社,1994:1504.

（4）耐候性

砖材料对恶劣气候有较强的抗御能力，无需后期频繁维护，所以有的砖建筑能延续千年，成为古代建筑文化的重要见证。耐候性包括膨胀收缩性和耐冻性两方面。膨胀收缩性是指材料的热胀冷缩，受热后再冷却不能回复至原来的体积，而保留一部分成为永久性膨胀。砖结构内部存有缝隙，当砖砌块被打湿，缝隙中的水分在低温下将结冰膨胀，这种冻融循环可能会对砖块产生破坏作用。耐冻性是指在潮湿状态下，能够抵抗冻融而不发生显著破坏的性能。砖的耐冻性较差，靠近水源处的砖筑物需进行防水防潮处理①。

（5）保温隔热性

砖材料有较好的保温隔热性能，砖筑建筑可以保持室内冬暖夏凉。在我国南方，一般 240 mm 厚的墙体即可满足保温隔热需求；在北方，370 mm 和 480 mm 厚的墙体就具有较好的防护能力。还可以通过砌筑空斗墙提高砖筑墙体的保温隔热性能。

（6）环保性

砖的原材料是直接采自大自然的，在加工和建造过程中不会对环境产生新的污染。废弃砖材料也不会对环境产生二次污染。砖材料可以重复利用。旧建筑拆毁后的废料，在合理回收之后可再次利用，其中的碎料可以用作铺地垫层材料。砖筑建筑不但具有良好的保温隔热性能，还具有吸排湿功能。砖块的孔隙可以在白天释放湿气，晚上吸收湿气。这种功能有利于保持局部环境的湿润，避免因水分迅速蒸发而造成空气干燥，还可避免墙体结霜。

2. 砖的应用特征

（1）真实性

砖材的真实性主要体现在色彩的多样性和质感的差异化两个方面。

砖材料的色彩多样性包含两个层面。第一个层面是原材料的差异决定了砖材料颜色的不同。《天工开物》中对造砖所用黏土的色彩和质地有详细记载："凡埏泥

---

① 戴志中. 砖石与建筑[M]. 济南：山东科学技术出版社，2004：5–7.

造砖,亦掘地验辨土色,或蓝或白,或红或黄(闽、广多红泥,蓝者名善泥,江浙居多),皆以黏而不散、粉而不沙者为上。"[1] 砖的原材料是天然材料——黏土和页岩,它们的成分具有地域性差异,烧制出的砖块呈现出红色、棕色、棕褐色以及青灰色等。草砖由稻草捆扎而成,会经历一个由绿到黄的变化过程。含石灰质但缺乏钙的黏土可以烧制出黄色调的砖材料,如列支敦士登议会大厦(图 3-1)用砖;含铁元素的黏土则会烧制出红色系或灰色系的砖块[2]。

砖材料色彩多样性的第二个层面是每一种类型的砖色调有微差。自然的材料因时因地而异,所形成的每一块砖都有独特的颜色[3]。砖块色调的微差还与砖窑的类型相关。《天工开物》上记载:"凡烧砖有柴薪窑,有煤炭窑。用薪者出火呈青黑

图 3-1　列支敦士登议会大厦[4]

---

① 宋应星. 天工开物[M]. 国学经典文库编委会,编. 成都:四川美术出版社,2018:96.

② 罗布·W·索温斯基. 砖砌的景观[M]. 黄慧文,译. 北京:中国建筑工业出版社,2005:27.

③ 李睿卿. 砖的模式语言[D]. 北京:清华大学建筑学院,2013:36.

④ 图 3-1 图片来源 https://bbs.zhulong.com/101010_group_201803/detail10040095/

色,用煤者出火呈白色。"① 砖块的颜色还与砖坯在砖窑中的放置位置相关。通常置于砖窑外围的砖坯与空气接触多易被氧化,往往达不到烧制温度;而置于砖窑中间的砖则会有烧制温度过高的情况,因此会出现同一批次的砖的颜色不尽相同。

砖的质感呈现出粗糙和精细两种,粗糙表现为自然质感,精细表现为人工质感。砖的粗糙质感一方面是原材料经过制砖工艺而形成的具有孔隙、粗粝的视觉形象和磨砂般触觉感知,以及砖表面对光线的漫反射;另一方面是加工手法,采用特制的刻有不同肌理图案的模具,可以烧制出具有特质纹理的烧结砖。有的在表面有浅浅的木纹,而有的则有强烈的凹凸。

砖的精细质感源于单个砖块或规整、或圆润的外部形态,以及人为对砖材表面加工的润饰,可以是抛光、平整或是上釉,从而使砖材呈现丰富多彩的质感。丹麦哥本哈根格伦特维教堂内部通过整齐规律的细致砌筑,凸显了砖墙面整齐精致的美感(图 3-2)。

(2)经济性

砖材的原材料是黏土。土壤随处可见,价格低廉。制砖工艺流程较为简单,尤其是在砖坯采用模块化制作工艺之后,砖块的制作效率和规格控制都得到了提高,比起早期的手工捏制砖坯节约了制作成本。《天工开物》中亦有用木模造砖坯的记载:"汲水滋土,人逐数牛错趾,踏成稠泥,然后填满木框之中,铁线弓戛平其面,而成坯形。"相较于其他的建造材料如混凝土、石材和各种人工合成的材料,砖材的经济性不言而喻。同时,在面对可持续化社会发展需求带来的挑战,砖材的原材料不再是土壤,而是由一些工业废渣等其他废弃物加工而来的。

目前,市场上的环保标准砖是利用建筑垃圾及工业固废物制成的。其原材料组成主要包括水泥、生石灰、粉煤灰、矿渣、水、建筑垃圾再生骨料等。既实现了资源的有效利用,也迎合了市场需求。

(3)历史性

砖的历史性体现在砖烧制之前和砖砌筑成建筑后两个阶段。砖被烧制之前,

---

① 宋应星. 天工开物[M]. 国学经典文库编委会,编. 成都:四川美术出版社,2018:97.

图 3-2　丹麦哥本哈根格伦特维教堂

其原材料黏土已经在自然界中存在了上千年。在被放进砖窑成型的前一刻，它们已经经历了悠长的地质运动与变化。

　　砖砌筑成建筑后，人的使用与气息、自然侵蚀共同塑造着砖的质感。即使同时期、由同类型砖砌筑的同一面砖墙，在经历了风化、氧化、霉变、磨损后，砖与砖之间也会出现微差，[1] 如建筑墙角部位的砖受到水分侵蚀，在背阴的部分易出现霉变，受到强风侵蚀的部位表面质感更为粗糙。同一地点同一时期的砖墙，经历一段时间后，会因为使用功能的不同、朝向的不同而形成质感差异。此外，不同地域的砖墙，由于取材的不同在一开始就有色彩、质感差异，历史的磨砺会使这种差异变大。这是砖能在

① 李睿卿. 砖的模式语言[D]北京:清华大学建筑学院,2013:4.

一定程度上代表地域建筑文化的一个重要的原因。因此,已有千年历史的砖材料在历经岁月的考验之后仍然值得品味,甚至其魅力会超过建筑刚建成的时候。

（4）灵活性

砖材料是一种模块化建筑材料[①],其灵活性体现在标准砖块的规格尺寸和砖的组合方式两方面。我国标准砖的尺寸为 240mm×115mm×53mm,包括 10mm 厚灰缝,其长、宽、厚之比为 4∶2∶1。每个方向上均加上 10mm 的黏结层后,各个方向长度比为 4∶2∶1。根据砖的标准尺寸,4 个砖长加个 4 个灰缝为 1 米,8 个砖宽加 8 个灰缝为 1 米（图 3-3）,15 个砖厚加 16 个灰缝为 1 米,这样,1 立方米的砖砌体用砖 512 块。

虽然现在砖的品种和表现形式更丰富,但其自身的几何性和模数化的块材特征不会改变。标准砖的尺寸比例便于砌筑施工过程中进行单手操作,而且标准化的尺寸有利于生产、运输、提高施工效率和建造精度。采用砖材料进行的建造活动,可将大尺度、复杂的建造活动转换为小尺度、标准化的动作累加。

砖有丰富多样的砌筑组合。一块单独的砖块可以被摆放成各种样式,使它的前面、顶面或者底面中的一面在墙面上暴露出来。另外,这三个面中的任何一面都可以被摆放成水平或者垂直的方向,这样一块砖就产生了六种可能的摆放位置。水平方向摆放的位置被称为顺砖、丁砖、侧顺砖和陡砖,两个相应的垂直方向摆放的位置被称为立砖和侧立砖（图 3-4）。用顺砖和丁砖砌成的墙壁在景观应用中是最为常见的。普通砌合几乎全部都是由顺砖和丁砖构成的,通过丁砖来提供墙脉

标准尺寸
240mm×115mm×53mm

1个砖长-2个砖宽-1个灰缝

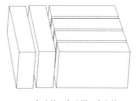

1个砖长-1个砖厚-3个灰缝

图 3-3　标准砖块的 1 规格尺寸

---

① 张利. 关于砖与可持续的 4 个问题[J]. 世界建筑,2014(7).

之间的连接。用侧顺砖建造并且用陡砖来进行连接构成的空心墙与相同厚度的另外一堵墙壁相比所使用的砖块数量要少[1]。

此外,在色彩、外形和装饰方面有着丰富多彩的组合形式。砖材料的这些特点使得设计师在对砌筑、灰缝处理、外立面的艺术表现形式等方面有着无限创造的可能。

黏土的可塑性强,可以被精确地塑造成任何所需的形状。模具的使用提高了砖材的生产效率和可塑性,能大批量、重复生产同一外部形态的砖材。现有的普遍形状包括半圆、整圆和45°斜切边缘的砖块。许多生产商们可提供多种形状的顶盖砖块和踏脚(图3-5),还可以根据设计师的专门要求而提供定制的形状(图3-6)。

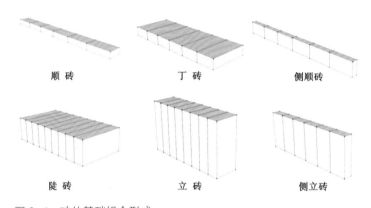

顺砖　　　　丁砖　　　　侧顺砖

陡砖　　　　立砖　　　　侧立砖

图3-4　砖的基础组合形式

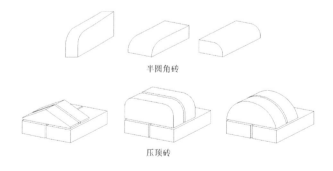

半圆角砖

压顶砖

图3-5　半圆角砖、压顶砖

---

① 罗布·W·索温斯基. 砌筑的景观[M]. 黄慧文,译. 北京:中国建筑工业出版社,2005:43.

图 3-6　定制砖材料

二、砖的砌筑方式的发展

材料是建造的基础,材料的本性决定了建造方式,甚至在一定程度上决定了设计方法 ①。砖材料的本性决定了其建造方式是砌筑。砖的砌筑是砖建构的核心。砖以单元性模块的形式砌筑空间,形成建筑体量。设计师一直都在努力挖掘砖砌筑方式的不同对于砖的知觉呈现所具有的潜力。随着制砖工艺的发展、砖建构逻辑的演变、计算机设计的介入,以及机器人建造的应用,砖的砌筑方式得以拓展和创新。传统砖筑技艺得到动态地保护和传承。

(一)经典砌筑方式

传统砖建筑中,墙体便是结构,结构即是墙体。砖在墙体砌筑中的经典砌筑方式包括错缝叠砌和空斗砌筑两种。砌体水平方向的灰缝称为水平缝或卧缝。水平灰缝厚度规定为 8~12 mm,一般为 10 mm。

---

① 郑小东. 建构语境下当代中国建筑中传统材料的使用策略研究[D]. 北京:清华大学,2012:48.

1. 错缝叠砌

错缝叠砌是单片墙组砌的一种常用的砖筑方式,要求上下层的砖块之间沿着水平的方向错开,形成墙面砖缝的错位,内外搭接,以保证砖砌体的整体性和稳定性。这样相互搭接的部分相互拉结,提高了墙体的整体刚度。同时,组砌要求砖块最少应错缝 1/4 砖长,而且不小于 60mm,在墙体两端采用"七分头""二寸条"来调整错缝,且组砌要有规律,少砍砖,以提高砌筑效率,节约材料。根据排砖方式的不同,错缝叠砌分为全顺砌法和全丁砌法,在此基础上衍生出多种排列方式,如一顺一丁、梅花丁等(表 3-2),形成了不同的墙面编织与肌理效果。

(1)全丁砌法,一面墙的每皮砖均为丁砖,上下皮竖缝相错 1/4 砖长,该砌法适用于砌筑一砖、一砖半、两砖的圆弧形墙,烟囱筒身和圆井圈等。

(2)全顺砌法,一面墙的各皮砖均为顺砖,上下皮竖缝相错 1/2 砖长,该砌法仅适用于半砖墙。

(3)一顺一丁砌法,又称满丁满条砌法。该砌法的第一皮排顺砖,第二皮排丁砖,不仅操作方便,施工效率高,还能保证搭接错缝,是一种常见的排砖形式。一顺一丁砌法根据墙面形式的不同可以分为"十字缝"和"骑马缝",顺砖层上下对齐的为十字缝,顺砖层上下相错半砖为骑马缝。

(4)梅花丁砌法,一面墙的每一皮中均采用丁砖与顺砖左右间隔砌成,每一块丁砖均在上下两块顺砖长度的中心,上下皮竖缝相错 1/4 砖长。该砌法灰缝整齐,外表美观,结构的整体性好,但是砌筑效率较低,适合于砌筑一砖或一砖半的清水墙。当砖的规格偏差较大时,采用梅花丁砌法有利于减少墙面的不整齐性。

(5)三顺一丁砌法,一面墙用连续三皮顺砖与一皮丁砖间隔砌成,上下相邻两皮顺砖间的竖缝相互错开 1/2 砖长,上下皮顺砖与丁砖间竖缝相互错开 1/4 砖长。该砌法因砌顺砖较多,所以砌筑速度快,但是因丁砖拉结较少,结构的整体性较差,在实际工程中应用较少,适合砌筑一砖墙和一砖半墙(此时墙的另一面为一顺三丁砌法)。

(6)两平一侧砌法,一面墙用连续两皮平砌砖与一皮侧立砌的顺砖上下间隔

表 3-2　错缝叠砌

全丁砌法	
全顺砌法	压半砖　　　　　　　压四分之一砖
一顺一丁砌法	十字缝　　　　　　　骑马缝
梅花丁砌法	
三顺一丁砌法	

续表 3-2

两平一侧砌法	
其他	

砌成。当墙厚为 3/4 砖时,平砌砖均为顺砖,上下皮平砌顺砖的竖缝相互错开 1/2 砖长,上下皮平砌顺砖与侧砌顺砖的竖缝相错 1/2 砖长;当墙厚为砖长的 1.25 倍时,只上下皮平砌丁砖与平砌顺砖或侧砌顺砖的竖缝相错 1/4 砖长,其余与墙厚为 3/4 砖的相同。该砌法只适用于墙厚 3/4 和 1.25 倍砖长的墙[①]。

2. 空斗砌筑

空斗墙由砖块平砌与侧砌相结合的方式砌筑而成,形成了中空的墙体,平砌的砖块称为"眠砖",侧砌的砖块称为"斗砖",中空的部分被叫作"空斗"。空斗可以用碎石、碎砖或其他建筑废料填补,空斗墙自重较轻,隔声隔热性能较好,常用作非承重墙的砌筑,可细分为四种砌筑方式(表 3-3):

(1)无眠空斗,全部由侧立丁砖和侧立顺砖砌成的斗砖层构成,无平卧丁砌的眠砖层。空斗墙中的侧立丁砖可以砌三块也可以每次只砌两块。

(2)一眠一斗,由一皮平卧的眠砖层和一皮侧砌的斗砖层上下间隔砌成。

(3)一眠二斗,由一皮眠砖层和两皮连续的斗砖层相间砌成。

(4)一眠三斗,由一皮眠砖层和三皮连续的斗砖层相间砌成。

无论采用哪一种组砌方法,空斗墙中每一皮斗砖层每隔一块侧砌顺砖必须侧

① 张力. 图解砌体工程施工细部做法 100 讲[M]. 哈尔滨:哈尔滨工业大学出版社,2016:40.

表 3-3 空斗砌筑

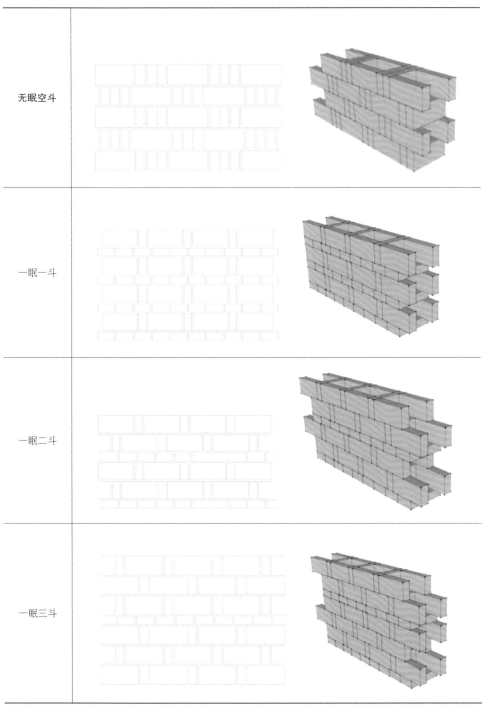

无眠空斗		
一眠一斗		
一眠二斗		
一眠三斗		

砌一块或两块丁砖,相邻两皮砖之间均不得有连通的竖缝①。空斗墙的水平灰缝厚度和竖向灰缝宽度一般为 10 mm,但是不应小于 8 mm,也不应大于 12 mm。

（二）创意砌筑方式

随着数字技术在建筑行业的使用,我们利用数字化技术完成传统砖筑技术的当代演绎,其显著特征是非线性与连续性。砌筑方式大致归为四类:凹凸砌筑、透空砌筑、旋转砌筑和曲面砌筑。

1. 凹凸砌筑

这是一种三维砌筑方式。砌块凹凸变化是指在砌筑时利用砖块的短面,将单块或成组的砌块凸出或凹入墙表面,或顺丁错接,或进退凹凸。可以错落有致,可以进行浅凹和浅凸对比,也可以是散状的疏密变化,形成长短粗细点、线、面的图案,在墙面上形成或宽或窄的阴影效果②。砌块凹进或凸出一般不超过砌块长度的1/2。在黏合剂强度高或借助外部构件固定的情况下,凹凸部分距离主砌体的距离可以增大,这会对砌体的阴影带来较大影响。

为了使凹凸部分的形状更加多样化,凹凸砌筑常采用以下三种砌筑手法:

（1）用点、线、面不同形式的构图形成有规律的凹凸变化,可以是等距的单块砖凹凸,或任意位置的单块砖凹凸,或多块砖的组合的凹凸。在一顺一丁砌法中,有顺砖凹凸和丁砖凹凸两种;在空斗砌筑中,有侧立丁砖凹凸或眠砖凹凸。（图3–7）

（2）利用特殊的异型砖砌筑,这种砖自身就带有翻制的纹样,具有了凹凸变化,再通过形式美影响下的二方连续、四方连续的排列组合,形成连续纹样的凹凸装饰纹样或者其他图案与吉祥的文字等。

（3）在普通的砌筑成品上面使用雕刻工具,雕刻出凹凸的纹理。

凹凸砌筑的装饰性主要体现在以下两个方面:一方面是设计师所表现的图案美学;另一方面是凸凹砌筑所呈现的三维光影效果,不同的凸凹尺寸配合着不同的

---

① 张力. 图解砌体工程施工细部做法 100 讲[M]. 哈尔滨:哈尔滨工业大学出版社,2016:41.

② 戴志中. 砖石与建筑[M]. 济南:山东科学技术出版社,2004:25.

光线,会呈现不一样的光影。(表 3-4、表 3-5)

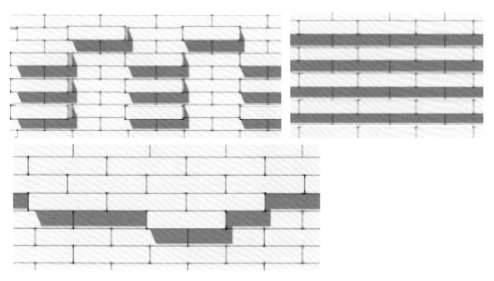

图 3-7 点、线、面凹凸砌筑

表 3-4 凹凸砌筑的光影(相同时间段,不同凸出尺寸)

凸出 30 cm	凸出 60 cm	凸出 90 cm
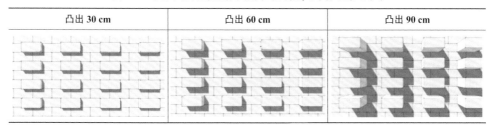		

由格拉斯哥建筑事务所 Nord 设计的 2012 奥林匹克公园主变电所由 13 万块砖砌筑而成。外观效果统一中呈现出微妙的差异,整个立面由三段不同砌法的砖组成。最下面是一顺一丁的普通砌法,中间的凹凸砌筑部分的丁砖向外凸出一小段距离,上层的凹凸砌筑部分是丁砖向内凹进一段距离,有的地方直接去掉丁砖,形成可以通风的砖花墙。(图 3-8)

表 3-5　凹凸砌筑的光影(相同凸出尺寸,不同时间段的同一时间点 14:00)

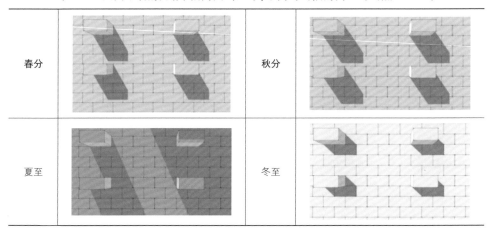

春分		秋分	
夏至		冬至	

图 3-8　2012 奥林匹克公园主变电所

2. 透空砌筑

在墙体从承重体系中解放出来之后,其表现性得到了加强。在荷载降低的情况下,砖墙可以实现更多且随意分布的孔洞,形成一层半透明的界面,在隔离空间的同时又保证了室内外视线的畅通,并能够提供采光与通风[1]。

孔洞大小、孔洞形状和孔洞率是透空砌筑的主要元素,决定着砌筑物的光影效果。在砖的尺寸一定的前提下,孔洞的大小呈模数增长或减小。最小的孔洞其高度是一块砖的厚度(砖的最短边),其宽度理论上可以无穷小,厚度一般是一块砖的宽度(12 墙的厚度,但在构造技术的进步的情况下,可以将砖劈开,砌筑成更薄的砖墙)。最常见的满足最小高度的孔洞是一顺一丁砌法中将部分丁砖去除后形成的孔洞。若是两排砖间隔地掏空,则孔洞高度翻倍。以此类推,孔洞高度增加为三块砖、四块砖厚度,但其宽度不能超过一块砖的长度,否则需要借助别的构件支撑上方的砌块。

孔洞形状决定了光线射入时落到地面的光斑形状。孔洞基本形状是四边形,借助砖摆放的错动,可以形成十字形、菱形、波浪形等(表 3-6)。传统的透空方式的砌筑一般都用于非承重墙或者建筑构件,如围栏、扶手等(图 3-9)。

英裔印度建筑师劳里·贝克善用印度传统材料及工艺来建造实用有效的建筑。贝克在几十年的不断探索中形成了独特语汇——砖格,在建筑中大量使用透空砌筑的砖格代替玻璃窗(图 3-10)。透空砖格不仅大大降低了造价,而且有利于室内外通风和减少日照。同时各种图案的砖格还在空间塑造上产生了强烈的光影效果[2]。如(图 3-11)列举出了四种贝克的砖格常用砌筑图案。

3. 旋转砌筑

通过改变砖块角度,形成砖筑体维度上的变化。旋转方位与旋转角度影响着旋转砌筑的最终形式。旋转砌筑的方式一改砖块笨重粗犷的固有形象,将建筑变得灵巧丰富,是设计师通过奇思妙想为大家带来的具有现代美学的砖构形式。

---

[1] 李睿卿. 砖的模式语言[D]. 北京,清华大学建筑学院,2013:84.

[2] 彭雷. 大地之子——英裔印度建筑师劳里·贝克及其作品述评[J]. 新建筑,2004(1).

表 3-6 透空砌筑常见孔洞形状

孔洞形状	砌筑方法
方形	
十字形	
菱形	

续表 3-6

孔洞形状	砌筑方法
波浪形	

图 3-9　透空砌筑（小朱湾村围栏）

图 3-10　劳里·贝克设计的建筑中的透空砖格

砖的放置方式不同,其旋转并叠加砌筑产生的面的形态也不同。标准砖因不同的放置方式绕 x 轴、y 轴、z 轴旋转后所得到的结果都不同,共有九种,其中绕 z 轴旋转后的墙面凹凸肌理以及阴影效果最为丰富(图 3-12)。

南亚人权文献中心是位于印度新德里的非政府机构,因此其办公楼建筑需要同时满足经济、高效使用的要求。为了阻隔噪声、视线干扰和烈日直射,建筑师在临街立面设计了一面规整的砖格墙。墙体采用旋转砌筑的方式,使墙展示出丰富的肌理感。每 6 块印度标准砖为一组,按不同的角度进行旋转并竖向层叠,在旋转的空隙处加入混凝土细柱来增强结构的稳定性。按类似方式,将两块砖作为一个单元,同样进行旋转层叠,由单元之间的间隙形成透空效果,达到"百叶窗"的效果。

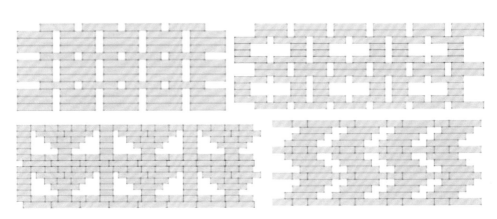

图 3-11　透空砖格常用图案

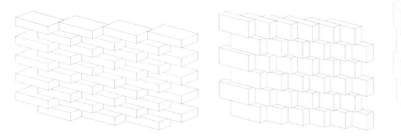

卧砖绕 z 轴旋转砌筑　　　　　　陡砖绕 z 轴旋转砌筑　　　　　　立砖绕 z 轴旋转砌筑

图 3-12　不同方向放置的砖绕 z 轴旋转砌筑示意

图 3-13　南亚人权文献中心的砖墙

透空部分的砖在遮阳的同时形成了丰富动感的光影效果。这是一种重复构成砖筑模式（图 3-13）。

4. 曲面砌筑

曲面砌筑追求的是建筑体态的轻盈与流线感。曲面砌筑的实现，使砖材料的使用范围进一步扩大。砖砌体对二维曲面的塑造较为常见，如转角处的弧墙、圆形的烟囱都是常见的砖墙曲面形态，但砌筑三维曲面并不容易。若是要依靠砖自身支撑起一面三维曲面的墙体，则需要对结构进行精确的计算，对砌块角度、位置的要求就更为严格。否则，需要借助外部构件的支撑 [1]。

乌拉圭建筑师埃拉迪奥·迪斯特擅长用砖建造建筑物。他设计的工人救世主教堂以巨大的三维曲面主导建筑形态，采用了嵌入式钢筋和特殊混凝土，使砖石工程在结构上合理可行。建筑侧墙为直纹曲面板，这可以使墙体在厚度极薄，且不需加立柱的前提下保持结构的稳定性。屋顶板为三维的波浪曲面板。屋顶板的纵向起拱频率与曲面墙板的扭曲频率保持一致，且两墙间距离最近点的屋顶起拱坡度最小，距离最大点的屋顶起拱坡度最大，这样也可以有效利用结构优势进行荷载传递（图 3-14）。埃拉迪奥·迪斯特使用了两片呈波浪状的直纹扭曲面支撑起了大跨度无梁拱顶。红砖和水泥的结合具有良好的结构性能，不仅具有极强的建筑表现力，采光、通风、保暖问题也都得到了很好的解决。

---

① 李睿卿. 砖的模式语言[D]. 北京, 清华大学建筑学院, 2013：109.

图 3-14　工人救世主教堂

　　现代砖材的曲线砌筑在不断地发展。2008 年，瑞士建筑师 Gramazio &
Kohler 在威尼斯建筑双年展用机器人砌筑了三维曲面砖墙，此砖墙是靠砌块自身
塑造出的一道连续墙体（图 3-15）。这面砖墙砌块与砌块之间有错缝和空隙。一

图 3-15　机器人砌筑的三维曲面墙体

方面因为形成曲面的需要,通过错缝和空隙消解曲率转折;另一方面从视觉效果考虑,通过砌块的角度扭转形成特殊的肌理。

利用机器人砌砖,可以准确地实现电脑模型与建造实体的转换,将模型转换为程序语言输入机器人配置的软件,机器人便会按照模型进行搭建。砖筑过程中机器人的加入,以及设计中计算机的辅助极大地拓宽了设计实现的可能性。

（三）现代砌筑方法

砖墙的编织肌理在几千年的建造过程中,形成了丰富多彩、难以计量的种类,当代建筑师在实践过程中,也开始尝试新的砌筑形式,如像素化砌筑①、参数化砌筑。

1. 像素化砌筑

像素化砌筑是先将单块砖或者多块砖运用透空、凹凸以及旋转砌筑等手法进行砌筑,形成一个单元,将这个单元视作像素点再进行排列组合(图 3-16)。

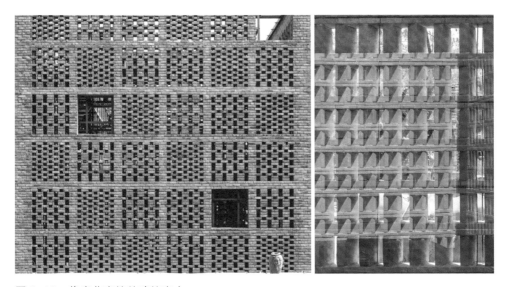

图 3-16　像素化砌筑的建筑表皮

---

①http://www.360doc.com/content/20/0928/13/65238690_937993474.shtml

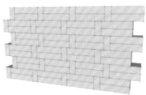

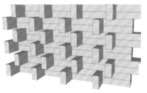

图 3-17 "诗人住宅"及其砌筑方式示意 ①

　　建筑师张雷将"诗人住宅"的建筑表皮全部用砖严实地包裹起来（图 3-17），每一处墙面都是透空、砍半砖和凸半砖的混合，即用 3 种砌砖法进行立体主义式的抽象编织。3 种密度的砖肌理和无规律的窗洞一起进行蒙德里安式的几何划分，而这一精确的几何划分，又揭示了无规律窗洞对于建筑外表面内在逻辑的规律性控制 ②。

　　谢里夫理工大学办公楼建筑表皮采用的是空心砖的像素化砌筑。单块空心砖尺寸为 19.5 cm×32 cm，中间有 10 cm×20 cm 的洞口，上面覆盖着特制玻璃。空心砖和软件技术相结合，形成了单元化的智能砖面板，再将单元化砖面板重复排列，进而组成了整个建筑的立面，这种面板可根据日照情况自动调整室内光环境 ③。（图 3-18）

---

① 图 3-17 图片来源 https://www.gooood.cn

②http://www.ikuku.cn/post/40481

③http://www.archcollege.com/archcollege/2020/12/48688.html

图 3-18　谢里夫理工大学办公楼 ①

2. 参数化砌筑

设计师利用参数化工具给砖块赋予更多的变化。表皮设计时用 Grasshopper 等参数化工具,通过改变外墙砌块的堆叠方位及角度将表皮三维曲面的造型表达出来。

参数化砌筑的砖筑物中,砖自身的形状并没有被改变,重要的是砌块之间连接方式的不同会导致砖所塑造的形态的多变。砖的砌筑不再是传统的二维表现,更多的带来了三维的质感。参数化设计在最终的设计表现成果上兼有透空砌筑、旋

---

① 图 3-18 图片来源 http://www.archcollege.com/archcollege/2020/12/48688.html

转砌筑、凹凸砌筑、曲线砌筑等形式,挖掘了建构更多的潜力与表现方式,大大拓展了砖材的运用可能与范围。

兰溪庭的设计是建筑师运用数字化建造方式重新阐释中国传统建筑形式的经典案例。其中水墙的设计是运用数字化手段在矢量图形和砖的排列逻辑间建立几何联系,通过矢量路径对砖的排列进行干扰,从而完成从水纹到实体建筑的演绎。实现这一演绎的载体是砖和错缝叠砌的砖筑形式。特殊的空缝砌筑模式实现了动态水流的视觉效果和厚重墙体轻盈通透效果的表达[①],一改从前对砖材料厚重、敦实的印象。(图3-19)

法国"母婴之家"是传统材料红砖与参数化设计融合的代表建筑。建筑中的每一块砖都经过单独的设计。建筑师为约38 000块砖计算了它们的砌法。通过7种不同的叠加、悬挑、扭转的方式,构成了别具一格的立面。在设计过程中运用建筑住处模型(BIM)技术以及自制的参数化工具,这样的技术使得建筑项目的建造和立面纹理的编织可以同时进行[②]。(图3-20)

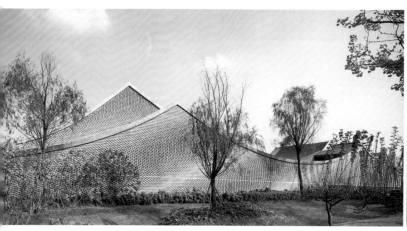

图3-19 兰溪庭水墙

①https://www.gooood.cn/ripple-wall-archi-union.htm

②https://www.gooood.cn/house-for-solidarity-in-beauvais-france-by-ellenamehl-architects.htm?
　lang=en_US

图 3-20　法国"母婴之家"

参数化设计与砖筑技术的结合创造了更多的建构可能性,拉近了传统营造技艺与现代数字化设计之间的距离,拓宽了砖材料的适用范围。

三、砖筑的构成形式

无论是透空砌筑还是凹凸砌筑,都可以看成是将砌筑平面图案化抽离其中的一部分砖或者使砖挑出而形成的,将这些图案进行平面图式分析,总结出砖筑的图式主要有三种构成形式:重复构成形式、渐变构成形式与自由构成形式。(表 3-7)

(一)重复构成形式

砖筑的重复构成形式是以一个基本砖砌单形为主体,把这个基本形输入到重复的骨格中进行编排来构成图案,编排时可作大小、方向、位置的变化。骨格是支撑构成形象的最基本的组合形式。重复骨格是规律性骨格的一种。砖筑基本砌法中的顺式、丁式等砌筑手法产生的图形都是规律性的重复构成形式。伊朗建筑师研究出 126 种可重复排列的砖砌图案,在此列举其中的八种[1](图 3-21)。

上海 2010 年世博会的案例联合馆是砖砌筑的实验体。该馆由厂房改造而来,建筑体量较大,墙面被划分成很多块,每块用不同的砖筑方式进行砌筑,形成

---

[1] 戴志中. 砖石与建筑[M]. 济南:山东科学技术出版社,2004:26.

表 3-7　砖筑图式主要构成形式

构成形式	重复构成形式	渐变构成形式	自由构成形式
示意图			

图 3-21　重复构成形式的砖筑图案

不同的图案肌理。这些图案肌理最显著的特征就是图案的规律性重复（图
3-22）。

图 3-22　案例联合馆砖筑墙面 [1]

图 3-23　砖筑的渐变构成形式

（二）渐变构成形式

渐变构成是指基本形或骨格逐渐地、有规律地变动。渐变的形式是多方面的，如基本形的大小、疏密、位置、方向、明暗等。旋转砌筑、凹凸砌筑、透空砌筑和参数化砌筑都可以产生渐变构成的二维或三维图形。形成渐变构成形式的砖筑图案需要精确把握砖材的砌筑尺度，这有赖于合理的施工建造方式，从而产生渐变（图 3-23）。

水墙就是一个典型的例子。创盟工作室用青砖进行砌筑，砌块的

① 图 3-22 图片来源 http://www.360doc.com/content/20/0928/13/65238690_937993474.shtml

尺寸只有一种,但是砌块之间的间距却不止一种,且上下左右砌块间的间距也是规律变化的,形成一幅水纹波动的图案肌理。初看上去,水墙仿佛由若干种不同长度的青砖砌成,但变化的是砖与砖之间的距离。同时上下两排砖一排出挑,一排凹进,这样在满足上下两排砖错缝相对的同时突出水纹肌理[①]。

(三)自由构成形式

自由构成形式是对比构成、密集构成、特异构成和肌理构成的复合形式。它不限于传统砌筑方式,没有固定的骨格线限制,可选取基本形的任何一个特征入手进行对比,可以是基本形的形状、大小、方向、位置、色彩、肌理等的对比,或重心、空间、有与无、虚与实的关系元素的对比。但是,在对比中要找到基本形之间的协调性,形与形之间要互相渗透,或基本形之间能够形成一定的关联。

建川汶川地震纪念馆主要外墙使用的材料是清水混凝土和红、青两色的页岩砖(图3-24)。为了产生均匀而又丰富的立面肌理,砖表皮的"侧砌"通过使用标准砖的最大面(240 mm×120 mm)与最小面(120 mm×60 mm)的排列组合来形成空透肌理,在满足自承重强度的情况下,一共有六种不同的砌筑方式。与之对应标准块之间的间隙形成的透空孔洞一共有240 mm×90 mm、180 mm×90 mm、120 mm×90 mm、60 mm×90 mm四种尺寸。在局部需要封闭气候边界的透空砖墙上,使用了4种与孔洞大小相吻合的钢板玻璃砖嵌入孔洞。将这六种标准块砌法和四种的孔洞尺寸进行随机无序排列,形成了具有一定韵律感的透空砌筑立面[②]。

Chuon Chuon Kim 2 幼儿园建筑(图3-25)位于越南,设计师采用红砖和透空砌筑,传达出独特的审美,并有利于建筑的自然通风。建筑侧立面表皮以当地标准砖为材料采用顺砖砌筑与透空砌筑相结合的方式,镂空处呈自由散点分布,成为类似于百叶的形式,光线透过其缝隙而变得柔和,形成不同的光影效果。

① 李睿卿. 砖的模式语言[D]. 北京,清华大学建筑学院,2013:79.
② 梁超凡. 砖在当代建筑设计中的艺术表现研究 [D]. 东南大学,2015:79.

图 3-24 建川汶川地震纪念馆的外墙面 ①

图 3-25 Chuon Chuon Kim 2 幼儿园 ②

① 图 3-24 图片来源 http://www.ikuku.cn/post/40293

② 图 3-25 图片来源 http://www.archcollege.com/archcollege/2018/5/40259.html

2010 上海世博会宁波滕头案例馆,外表形体方正,是一个 53 m 长,2 0m 宽的方盒子。外立面采用砖砌块,其尺寸是随机的,通过对比排列、密集排列、肌理等构成手法组织排列砌块,最终形成了一面自由肌理的墙体。这些砌块用的都是从浙江的老建筑上回收而来的旧瓦片、旧砖块。砖以青砖为主,尺寸有大有小,加上不同的侧面朝外,尺寸的变化可以更加多样。此外还有门字形的空心砖。瓦以青瓦与红色琉璃瓦为主,随机的穿插嵌入墙身,斑驳的墙体充满了岁月的痕迹(图3-26)。

图 3-26　2010 上海世博会宁波滕头案例馆

四、砖筑技术的当代应用策略

(一)砖筑技术的当代应用范畴

砖与木、土、石、竹等其他传统建造材料相比,功能复合化程度更高,被应用于承重结构体系、承重结构模板、围护体系和表皮体系。随着结构的改进和构造技术的进步,砖的功能性被弱化,表现性增强,逐渐成为时间与文化的载体。无论是砖的建构表达,还是砖的非建构应用,砖的砌筑在砖的建构中都处于重要地位。砖的砌筑有无限多的可能。

1. 承重结构体系

砖是最原始的承重材料。传统的砖建筑中,砖的建构方式是砖筑墙体,砖墙体便是结构。砖属于脆性材料,抗压能力强,但抗剪能力弱。因此,砖墙要有足够的厚度,才能砌筑得很高。常见的承重砖墙按照厚度分为二四墙(厚度为 240 mm)、三七墙(厚度为 370 m)、四八墙(厚度为 480 mm),厚度更薄的一二墙、一八墙多用于临时建筑。砖墙在砌筑的时候要特别注意避免上下通缝,否则砌筑成型的墙体极不稳定。在框架结构为主导的今天,砖墙承重已经不能满足当前对功能、结构的要求了。

砖的承重结构除砖墙外,还有拱券和承重柱。拱券巧妙地将结构中所受到的拉应力转化为压应力,利用砌块之间的侧压力形成空间的横向延展。在门窗之上形成的半圆形或弧形构件称为"券",多道券并联形成"拱"(图 3-27)。拱的空间形态为半圆柱形,而当这种空间形态演化为半球形时,其结构形式被称为"拱壳"。拱壳可以只在四个角有柱子支撑,能形成开阔的内部空间。

拱券经历了上千年的发展演变,已不再固定于最初特定的类型。南非马篷古布韦导览中心是拱壳结构当代演绎的精彩案例(图 3-28)。马篷古布韦导览中心是一种低成本、少能耗的建筑综合体,主要是由各种尺寸的"拱形"临时展厅组成的,采用的是当地工人用黏土、5%的水泥以及水经由手工制成的"瓷砖"[1]。薄壳双曲面屋顶、筒拱和穹顶跨度最大的有 14.5 m,是设计中最突出的建筑要素[2]。屋顶以砖砌拱壳作为主体结构,由三种类型的拱顶构成:一种是矩形或方形的拱顶结构,借由双曲抛物线通过扶壁自然地将水平压力传到圆周;一种是缓坡的拱顶,跨在水平的结构支点上;以及一种圆形的鼓顶[3]。不同类型的拱顶使建筑外观呈现出"山丘"的起伏造型。这种屋顶形式来源于当地的民居,当地民居多以土坯围成圆形,上覆以砖石材料,屋顶呈伞状。拱顶技术是基于传统拱壳形式的变体。该建筑

---

① 彼得•里奇建筑事务所.砖筑特别方案奖:马篷古布韦导览中心,马篷古布韦国家公园,南非[J].世界建筑,2012(9).

② 尚晋.马篷古布韦导览中心,林波波省,南非[J].世界建筑,2013(11).

③ 梁超凡.砖在当代建筑设计中的艺术表现研究[D],东南大学,2015:76.

图 3-27 常见砖拱的三种形式

图 3-28 南非马篷古布韦导览中心 ①

的大多数建造材料来源于当地,外表面覆盖的石块采自附近地区,内部是用当地的泥土烧制的土坯砖。本地烧制的土坯砖有着粗犷的质感、暗红的颜色,不仅与周围环境呼应,还具有很好的坚固性。

路易斯·康在艾哈迈德巴德印度管理学院的设计中采用了多种拱券组合的形式,如砖砌平拱、平弧拱券、圆形拱券、钟形穹隆砖券、双向拱等(图 3-29)。其中,砖砌薄拱和钢筋混凝土梁结合的复合结构将砖的抗压性能和钢筋混凝土的抗拉性能结合在一起。从建筑立面上看,白色混凝土拉杆梁与红色砖墙色彩对比强烈,视觉冲击力强。此外,双拱结构还被用在地震区建造的砖筑建筑中,如达卡的苏格拉底医院 ②。

---

① 图 3-28 图片来源尚晋. 马篷古布韦导览中心,林波波省,南非[J]. 世界建筑,2013(11).

② https://www.archdaily.cn/cn/890307/ad-jing-dian-yin-du-guan-li-yan-jiu-suo-lu-yi-star-kang

图 3-29 印度管理学院的拱券 ①

以砖作为承重结构时,用砌筑的建造方式来表达力学逻辑。相较于砖的色彩、质感、形态、肌理等本性,砖建筑结构的砌筑形式是承重体系的主要关注点。砖在承重体系中的当代表达就是砖筑技术的当代形式演变。

2. 承重结构模板

处于结构模板时期的砖是承重结构阶段和围护体系阶段的一种中间状态。它虽是混凝土模板,与混凝土共同受力,但并不独立作为承重结构;同时,它又起到围护作用,围合了空间,但又没有完全作为围护体系时的自由。古罗马万神庙是砖作为承重结构模板的典型代表。处于承重结构模板体系中的砖已开始展现其表面属性,尺寸、色彩、质感、肌理等艺术表现要素开始逐渐成为关注点。

梅里达国立古罗马艺术博物馆是砖作为承重结构模板表现的代表性建筑(图3-30)。其建造方式为:用预制罗马砖墙作为模板,并在这两面比较薄并且非常平的 "罗马砖" 砌墙体中浇筑混凝土形成承重构件,浇筑完成后作为永久模板的砖墙成为承重结构的面层。混凝土作为填充材料浇灌于砖模板之间形成抗压结构 ②。

---

① 图 3-29 图片来源 https://www.archdaily.cn/cn/890307/ad-jing-dian-yin-du-guan-li-yan-jiu-suo-lu-yi-star-kang

② 王南. 古罗马建筑传统的继承与创新——简析梅里达国立古罗马艺术博物馆设计[J]. 世界建筑,2006(9).

图 3-30 梅里达国立古罗马艺术博物馆 [①]

拉文斯堡艺术博物馆是钢筋混凝土和砖结合作为承重结构模板的代表（图
3-31）。该建筑最大的特点是具有韵律感的拱形屋顶。砖作为结构模板与钢筋混
凝土一起承载整个屋顶的重量，首尾相连的锥形屋顶采用了传统的加泰罗尼亚式
的砖筑手法。在砌筑的过程中，先用木头支模，然后将砖按不同半径依次砌成锥形
（图 3-32），再通过金属构件将一系列锥形拱连接起来，最终呈现出充满序列感又
富于变化的屋顶。整个屋顶靠四周的复合墙体承重 [②]。用于模板的砖很多是旧建筑
的回收砖。

砖存在于承重结构模板中时，与混凝土或钢筋混凝土一起承担重力。这个体
系除了关注砖的结构形式，还关注砖的尺寸、色彩等材料属性。

---

① 图 3-30 图片来源 https://www.sohu.com/a/299359819_120067790
② 梁超凡. 砖在当代建筑设计中的艺术表现研究 [D], 东南大学, 2015: 71.

图 3-31　拉文斯堡艺术博物馆 ①　　　　　　图 3-32　旧砖砌筑的平拱屋顶底板 ②

3. 围护体系

处于围护体系中的砖脱离了 "承重" 的束缚,只需要解决自身的承重问题即可。围护体系看中砖的保温隔热性能、隔声性能和耐久性,砖作为填充墙进入框架结构内部。但与其他传统建筑围护材料相比,虽然砖的导热性相对较强,但其蓄热能力(热稳定性)相对较差,作为居住建筑围护材料的热工性能仅强于石材,较生土和木材均较差。在使用中,一般通过增加墙体厚度、采用空斗砌筑以及各种的复合墙体技术来解决砖砌墙体对室内热环境的不利影响 ③。后来,自重小、保温性能良好的空心砖就大量替代了实心砖被广泛地用于围护体系的建造。同时,砖的肌理特征和砖筑的透空效果得以彰显。

印度砖墙住宅(图 3-33)的临街外墙由对角放置的砖砌筑而成,在阻隔视线、围合私人空间的同时也创建了漂亮的封檐板,而且可以在白天将室外的阳光带入室内,并在夜晚向室外展示室内的明亮光线。砖墙住宅外墙充当建筑外围护结构

---

① 图 3-31 图片来源 http://blog.sina.com.cn/s/blog_12fe52b9f0102uxrb.html

② 图 3-32 图片来源 苏杭. 错脊起拱,旧砖为皮——以拉文斯堡艺术博物馆设计之实现讨论建造中的 "技" 与 "艺" [J]. 建筑技艺,2015(12).

③ 王新征. 材料意义的建构:以中国传统砖作美学意蕴的变迁为例[J]. 华中建筑,2016(11).

② 图 3-33 图片来源 https://www.archdaily.cn

图 3-33　印度砖墙住宅 ①

的同时也作为外墙的装饰表皮。

　　砖处于围护体系中时,是被置于具体的时间与环境之中的,此时的关注点除了砖的色彩、质感等属性的"本真性"表现外;还要关注砖与环境中其他元素的关系处理,如光、影、水等,综合运用这些材料,使之与场地建立独特的关系。

4. 表皮体系

　　在现代建筑中,空间长期占据着现代主义建筑的首要地位,表皮一直是次要角色,这种倾向甚至延续到后现代建筑中。随着现代建造技术与材料科学的发展,建筑的表皮获得了自由。在强大的技术支持下,大多数建筑的外围护结构呈现为多层次的表皮系统,内部结构体系被掩盖 ②。立面不再是结构和功能的必要表达内容,立面形式趋于表皮化,趋向于展示材料自身特点。

---

① 图 3-33 图片来源 https://www.archdaily.cn

② 郑小东. 建构语境下当代中国建筑中传统材料的使用策略研究 [D],北京:清华大学建筑学院,2012:121.

图 3-34　伦敦政治经济学院 Saw Hock 学生中心 ①

砖这种传统材料作为建筑表皮材料时,由于缺少光、电等高科技的介入,其自身特性成为主要关注点。砖在表皮建构中以织理性砌筑的方式出现。

织理性砌筑是利用砖的多种砌筑方式,进行立面表皮的编织。伦敦政治经济学院 Saw Hock 学生中心选用红砖作为外墙的材料来实现与旧街区的融合(图 3-34)。建筑表皮呈现折叠、倒角、倾斜和多面的不规则几何关系。砖存在于建筑的表皮体系中,独立于功能、空间之外。建筑师在表皮砖肌理上做了新的尝试,镂空部分采用了两种透空砌筑方式:一种是在典型的梅花砌砖法基础上,将丁砖抽掉而形成透空;另一种是砌筑方式的变形。墙面上的窗洞和建筑的形体关系之间有内在的逻辑性,通过砖肌理的编织表现出来 ②。

① 图 3-34　图片来源 https://www.archdaily.cn/cn/935417/lun-dun-zheng-jing-xue-yuan-saw-hockxue-sheng-zhong-xin-dong-tai-de-zhuan-shi-yu-hui-odonnell-plus-tuomey-architects

② 梁超凡. 砖在当代建筑设计中的艺术表现研究 [D], 东南大学,2015.

马里奥·博塔的艾弗利天主教堂使用红色砖,但砖不具有承重功能,只是依附于承重结构的建筑表皮。砖的排列疏密变化有致,建筑窗洞周边、檐口部分的砖与主体墙面有区分,形成强烈的装饰效果。

现阶段的砖的审美向度与传统时期形成了强烈反差:曾经工业化、标准化最高的材料,变成了反工业化意趣的代表;曾经最为普及、地域差异最小的材料,在当代成了表现地域特征的载体。因此,砖处于表皮体系中时,关注点除了砖筑图案和肌理的视觉呈现,还要注重对融入自然、传统文化和场所精神等要素的表达,以及探寻隐喻性的表达建筑内涵的手法,这样砖筑空间才会具有感染力。

(二)砖的当代应用原则

1."自然"的原则

"自然"原则包括两方面:一方面是尊重砖材的原生特性,并与当地传统原料和工艺造法相结合,从性能、外观上都与周边环境产生联系,使砖筑物(包括建筑和景观)具有时间性与可持续性;另一方是砖的"自然"式建构,砖筑物的设计建造要因地制宜,符合自然的地形、地貌及气候特征。

劳里·贝克致力于用当地材料设计简单建筑和可持续发展的有机建筑,如喀拉拉发展研究中心(图3-35)[1]。他设计的建筑大多位于印度南部的喀拉拉邦,当地降雨量大,气候炎热、潮湿。建筑墙体上一般没有大尺寸的开洞,多为用当地砖砌的小开洞(图3-36)[2]。劳里·贝克在建造过程中大量采用当地手工制作的砖,他发展了当地镂空式砖墙的做法,并尝试了多种经济型的砌筑方式,同时使建筑能满足气候和传统的要求[3]。

自然再现的理念在阿尔瓦·阿尔托的设计中反复出现。阿尔托设计的夏季别墅就是自然式建构的实例(图3-37)。建筑随形就势地出现在大地之上,通过分

① 图3-35 图片来源 http://www.lauriebaker.net/index.php/photos-and-videos/pictures-of-buildings

② 图3-36 图片来源 http://www.lauriebaker.net/index.php/photos-and-videos/pictures-of-buildings

③ 高蔚. 中国传统建造术的现代应用——砖石篇 [D],浙江大学,2008.

图 3-35 喀拉拉发展研究中心

图 3-36 劳里·贝克设计的镂空式砖墙

散体量和装饰细节融入自然,不采用现代动力设施(如利用太阳能为室内供暖)而满足基本的生存条件①。 阿尔托在夏季别墅进行了砖的表皮特性的实验性建造。外墙红砖贴面由大小不同、深浅各异的红砖排列组成的凹凸不平几何图案装饰,一共有 50 种砖砌筑方法和 10 种砖铺地方法。室内设计也以红砖装饰风格为主,烧结砖在生产过程中经历高温烧制,绿色环保、健康舒适,而且质地坚硬、不易破损,越久越能体现出砖的动态特征②。

图 3-37　夏季别墅③

---

① 金秋野. 重逢阿尔托[J],建筑学报,2014 年第 4 期。

② 马岸奇. 砖建筑——建筑师的理想家园[J]. 砖瓦,2017(4).

③ 图 3-37 图片来源 https://www.douban.com/note/312254182/? type=like https://bbs.zhulong.com/101010_group_201802/detail10005195/

2. 地域性的原则

建筑的地域性表现从"技术伦理"和"存在心理"两方面着手。"技术伦理"是从技术和能源的角度来说,如果从实际需求出发,采用地区性适宜技术,避免技术表现主义,运用地区性经验进行空间布局,选用地区性建筑材料,以应对地区性气候条件,是一种生态和可持续的做法;"存在心里"则是对于人存在意义的回应,从建筑空间到材料再到形象的地域性特征,必然会给世代居住于此的人们提供一种强烈的归属感①。

（1）技术伦理

由于砖具有低技性的材料特征和建造方式,大量运用于以"低技策略"为导向的乡村振兴营建中,既提升了乡村的环境品质,又传承了传统建造文化,同时也满足了维持乡村地域性文化的情感诉求。然而,低技术并不等同于低品质,有不少"乡建"和"保护"只是造型立面的模仿,忽视了技艺的传承,既给乡村振兴造成了遗憾,也漠视了传统建筑文化。

另外,传统砖筑技艺的内涵式运用存在消耗人工多、工时长等劣势,有的也存在建造成本较高的问题,如建筑师王澍在夯土墙的建造中加入了高技术的现代营建方式——使用钢模来增加其"人造之物"的存在感。这种处理手法对于乡村营造来说并不适合②。但传统建造技艺是具有深厚的设计哲学和建造智慧的,有环保、美观等优势,可尝试在传统建造技艺的当代应用中融入适用技术的概念,找到文化、经济、技术和效果之间的平衡点。

适用技术是以现代技术为平台的多样化技术体系,它在实践中的应用策略体现在对现有技术的综合运用中,这种综合运用包括对现有技术的调适、组合运用以及创新,其目标是提高综合效益与提升社会相容性③。传统砖筑技艺不是一种制造定式,而是一种不断为适应环境而改进的本土化做法,在改进过程中吸收更先进更

---

① 郑小东. 建构语境下当代中国建筑中传统材料的使用策略研究[D]. 北京:清华大学,2012.

② 李浈,雷冬霞. 文化传承和创新视野下乡土营造的历史借鉴[J]. 城市建筑,2018(2).

③ 陈晓扬. 当代适用技术观的理论建构[J]. 新建筑,2005 年第 6 期。

合理的做法。将适用技术的概念应用到砖筑技术的当代传承中,寻找现代技术、地方特色、经济条件与传统营造技术传承之间的平衡点,对砖筑技术加以综合利用、继承、改进和创新,探寻对当时当地的自然、经济和文化的良性互动模式。

印度建筑大师查尔斯·柯里亚以地方气候作为技术与地方的结合点,进行当代建筑的创作,他的作品既是现代的,又扎根于印度深厚的文化传统上。这对砖筑技艺乃至中国传统营建技艺的传承具有借鉴意义。为解决干热气候下的遮阳和通风问题,查尔斯·柯里亚提出了"开敞空间"和"管式住宅"两个概念。他在设计中通过设置有阴影的半户外空间来容纳干热气候地区的公共活动,并利用烟囱原理和植物蒸腾作用加强建筑的自然通风①。帕里克住宅(图 3-38)是柯里亚"形式追随气候"理论的经典演绎,建筑的平、立、剖面均体现了柯里亚在设计中对气候环境的思考。建筑平面被设计成东西狭长的矩形,为了避免东西向不利因素的影响,平面沿南北向被设计成三个平行开间。夏季的活动区域夹在冬季活动区域和服务区域之间。在保证冬季活动区域最大限度接受阳光的同时,在夏季仍能有较为凉爽的室内活动空间②。建筑采用了两种剖面形式——"冬季剖面"和"夏季剖面",供不同季节和一天中不同时段使用。

柯里亚设计的"管式住宅"是在一定建筑密度的条件下,开发的一种低造价的住宅方案。"管式住宅"是早期低技术生态建筑的经典实例,是本土文化和低技策略的融合,是对印度传统建筑的一种延续和拓展。

(2)存在心理

运用传统材料是表达建筑地域性最为有效的方式。砖不但是一种重要的建筑材料,而且是一种工具,是一种文化。砖是能满足一定情感需求的传统建筑材料,在其漫长的发展过程中还衍生出很多旨在增进墙体整体性的地域性做法。

英国埃塞克斯的布伦特伍德六年制中学位于历史保护区,学校的教学中心及礼堂是由一座维多利亚时代的牧师宿舍改造的,并新加建了两个建筑体。建筑师

---

① 陈晓扬. 当代适用技术观的理论建构[J]. 新建筑,2005 年第 6 期。

②https://site.douban.com/300909/widget/notes/193970482/note/739052457/

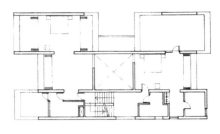
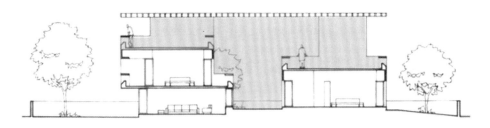

图 3-38 帕里克住宅^①

与各方密切合作,形成了既尊重文脉,又体现中学和城市前瞻姿态的设计概念。牧师宿舍部分根据现在的使用需求,全面翻新了屋顶,露出了室内的梁,阳光可以从天窗直射入室内。立面用订制的砖进行了修复。

新加建的两个建筑体采用了很高的环保标准,包括自然通风和节能地源热泵。新建筑部分外墙使用具有延续性的材料——砖,与周围历史建筑形成呼应。沿街礼堂建筑分为上、下两个部分,上半部分以连续山墙屋顶回应传统住宅形体,下半部分以水平屋顶统一首层多变的形体。两个新建筑表皮上的菱形图案是表达文脉的重点。菱形图案源自维多利亚建筑的菱形砖浮雕。教室建筑满铺红色砖瓦,其间点缀深褐色砖,含蓄地形成菱形图案。讲堂建筑上半部分以浅浮雕形式拼出了菱形图案,下半部分用红色和深褐色砖形成菱形图案。场地的围墙用砖的镂空砌筑形成菱形图案,进一步强调了主题^②。(图 3-39)

---

① 图 3-38 图片来源 https://site.douban.com/300909/widget/notes/193970482/note/739052457/
② 尚晋. 布伦特伍德六年制中学教学中心及礼堂,布伦特伍德,埃塞克斯,英国 [J]. 世界建筑,2014(7).

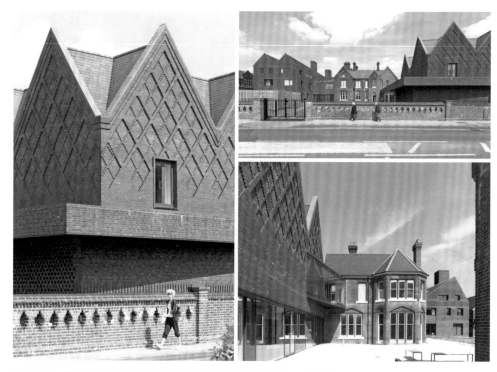

图 3-39　埃塞克斯的布伦特伍德六年制中学的教学中心及礼堂

第四章
砖筑技艺的实践探索

一、校园·印记——某高校学生活动中心建筑设计

（一）概况

　　学生活动中心所在高校是一所历史悠久、文化底蕴深厚的本科院校。该学生活动中心占地约 1 540 m²,总建筑面积约 4 000 m²(图 4-1)。建筑由主楼与副楼两部分组成。主楼高三层,包括自主学习中心、体操房、多功能厅等。副楼高两层,主要设有展览厅和演播厅。鉴于该学校的校园文化与使用人群的特点,将活动中心的设计概念设定为"积木",建筑的外形是两个简洁的"积木"块,体块之间是一座 7 m 的廊桥。主要建筑材料选用砖,一方面希望能让建筑与周边地区保持密切联系,另一方面,希望能为校园带来持久的温情感受。

图 4-1　高校学生活动中心效果图

（二）砖筑分析

学生活动中心的外立面设计采用像素化砌筑（图4-2）。像素化的砌筑风格相较于数字化砌筑风格更倾向于"手工""天然"的自然工艺质感，能增强建筑外立面的多样性与趣味性。该建筑运用了全顺砌法、花式砌法、凹凸砌法、透空砌法及旋转砌法等砌筑方式，展现了不同砌法的肌理效果。砖筑建筑表皮像是专为学生制作的艺术品，让孩子们忍不住去触摸。

建筑围护结构主要使用全顺砌法，砌块在单数层保持原形态不变，在双数层进行二分之一错缝砌筑，使建筑外立面保持大基调上的统一协调（图4-3）。

建筑外轮廓部分使用了花式砌筑，即陡砖与顺砖交叉砌筑。花式砌筑方法装饰性强，重在突出砖的纹理感强，多用于建筑中的细节轮廓部位（图4-4）。

图4-2 像素化砌筑

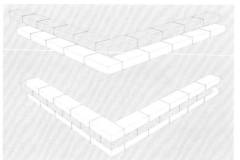

图4-3 全顺砌法示意

凹凸砌法是在传统砌筑手法的基础上,将有的砖凸出或结合砍砖砌筑,凹进或凸出的砖在墙面形成特殊的光影,增加了砖的质感表现。凹凸砌法多用于装饰砌筑。学生活动中心建筑外立面多处采用了凹凸砌筑,即利用一顺一丁砌筑,顺砖不变,丁砖依次凸出不同长度,形成规律性的构成变化,且凹凸砌筑的光影变化可呈现动态的视觉效果(图4-5)。

凹凸砌法分为面的凹凸砌法和点的凹凸砌法。主楼东立面及女儿墙运用了面的凹凸砌筑(图4-6)。面性凹凸的光影整齐统一中兼具规律性变化,不会出现零

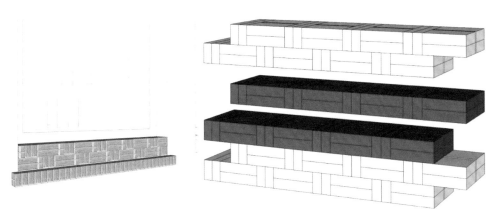

图 4-4 花式砌法

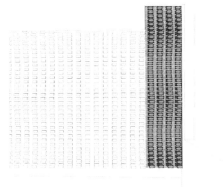
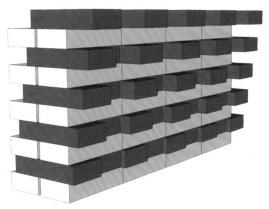

图 4-5 凹凸砌法

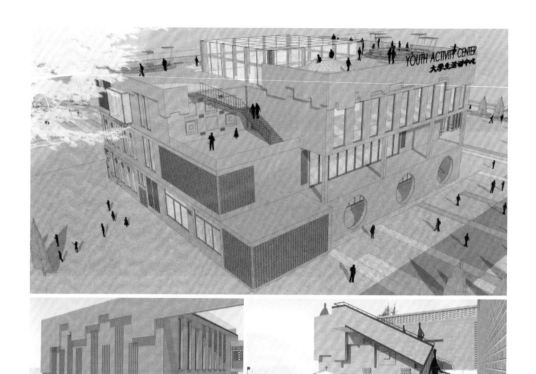

图 4-6 建筑外立面凹凸砌筑

碎、散乱的光斑干扰。主楼的南门左侧墙面运用了点性凹凸砌筑,全顺砌筑中穿插丁砌的形式,形成点性凸出,以达到增强立面层次感的目的(图 4-7)。

凹凸砌筑还用在主楼的北立面上,点的规律性凸出与墙体檐口的面形凸出相呼应,在光影下具有流动感(图 4-8)。

透空砌筑是活动中心大楼运用较多的砌筑方式。透空砌筑在传统砖墙砌筑手法中也有,但是当代呈现出更加具有创意的多样透空砌筑。透空砌筑的砖墙使本来厚重的砖墙呈现出丝绸般的编织纹理,增加了建筑立面的虚实变化,也引入了自然光,促进了室内外的交流,而且透空砖墙在阳光的投射下呈现出光影斑驳的效果。活动中心建筑的透空砌筑主要呈现出十字形(图 4-9)与方形(图 4-10)两种砌筑图案。

图 4-7　点性凸凹砌筑

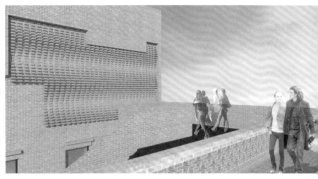

图 4-8　主楼北立面凸凹砌筑墙面

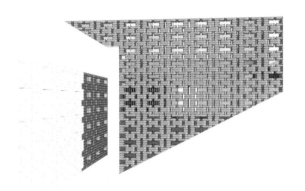

图 4-9　十字形砌筑示意

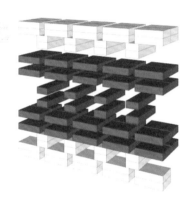

图 4-10　方形砌筑示意

　　十字透空砌筑涉及大、小十字形两种花式。大十字砌筑主要运用于公共区域，不仅可以调节室内外关系，还消解了建筑体量的方正感。大十字砌筑方法是一、二层顺砖留间隙交叉砌筑，三、四层丁砖空约 240 cm 跳砌，五、六层重复一、二层形式得到完整图案。小十字砌筑主要用于建筑的栏杆，兼具美观性与安全性。一、三层顺砖跳砌，空约 53 cm；第二层丁砖跳砌，丁砖置于顺砖中间，跳约 240 cm（图4-11）。

　　主楼大面积运用的透空砌筑赋予了建筑"透气"与"呼吸"的功能。同时，主楼建筑立面的韵律感有赖于透空砌筑手法，规律性的虚实面转换引导着活动的人流（图 4-12）。

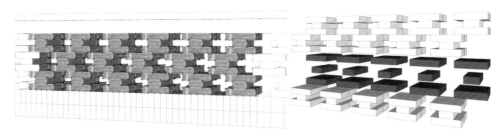

图 4-11　小十字砌筑示意

图 4-12　主楼透空砌筑

在副楼主入口处至西面墙体用透空砌法砌筑了较高的镂空格栅。镂空砌筑形成的格栅削弱了大面积全顺砌筑建筑体块的沉闷压迫感。格栅与阳光的戏剧性对话使整个空间显得静谧且灵动。（图4-13）

方形透空砌筑先采用顺砖砌法叠砌两层，再用丁砖跳砌两层，再依次循环，形成围合墙面（图4-14）。方形透空砌筑和光影的配合，可以为严肃、正规的学习空间增添一定的趣味性，现用于活动中心公共教室、健身房等空间的室内围合。健身

图4-13　副楼透空砌筑

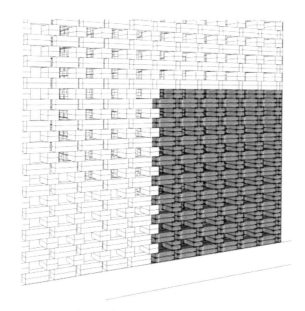

图4-14 方形透空砌筑示意

房采用方形透空砌筑的墙面，不同季节的同一时间段的光影表现不同（图4-15），既满足了基本的通风采光的要求，也增加了空间的趣味感与装饰效果。

旋转砌筑是一种装饰性砌筑手法，通过砖的扭转，获得砖的三维肌理。活动中心的旋转砌筑是单数层的全顺砌筑层与双数层的犬牙层结

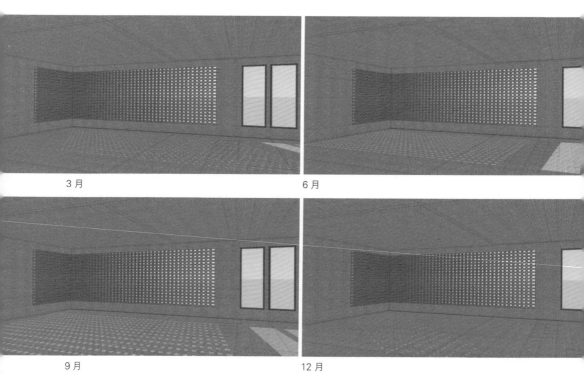

3月　　　　　　6月

9月　　　　　　12月

图4-15 不同季节同一时间段健身房透空砌筑墙面的光影变化

合。犬牙层是将标准砖块旋转 30° 依次排列(图 4–16)。这种砌法有助于打破大体块顺砖砌筑的单一肌理,用于进行建筑局部细节精致化处理。

活动中心的设计追求每一转角处的"独特性",使较为单数的建筑转角处也能生动有趣,延长过路人的停留时间。主楼东南角墙面采用旋转砌筑,使墙面层次感与流动性加强,拉伸了墙体的横向视野,并带有一定的视线指向性。

图 4–16　旋转砌筑示意

旋转砌筑的方式与光线配合也加强了建筑的美感。图 4–17 是 6 月份的某天截取的 4 个时间段的光影图。

(三)小结

其高校学生活动中心是传统材料与现代理念的一次碰撞。主要的建筑材料"红砖"不是黏土红砖,而是现代的新型材料仿古砖。基于活动中心大气、稳重的建筑设计风格,其砌筑方式以规律性砌筑(图 4–18)为主,辅以渐变性砌筑,如点性凹凸砌筑(图 4–19)。凹凸砌筑、透空砌筑以及旋转砌筑等规律性砌筑构建出建筑整体风格的统一性,局部穿插渐变性砌筑以增强建筑的趣味性与精致性。

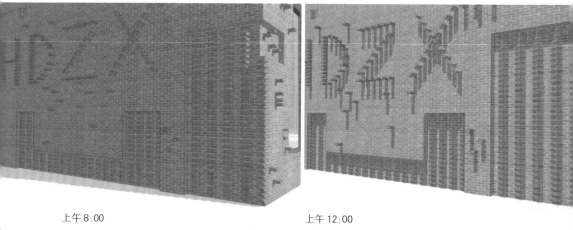

上午8:00　　　　　　　　　　　　　上午12:00

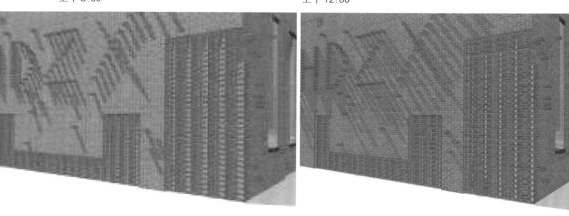

下午2:00　　　　　　　　　　　　　下午5:00

图4-17　旋转砌筑墙壁6月份某天的四个时间段的光影图

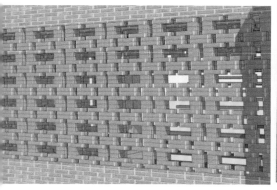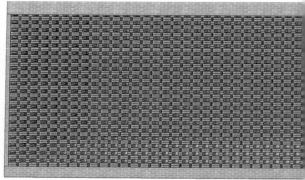

图4-18　规律性砌筑

110

图 4-19　点性渐变性砌筑

二、工业·律动——黄石市铁山区矿冶博物馆建筑设计

(一)概况

黄石市铁山区矿冶博物馆位于黄石市铁山区熊家境村,是一座以黄石矿冶史为主题的大型专题博物馆。基于黄石矿冶文明古都的历史地位以及熊家境独特的自然人文景观,博物馆以"律动"为设计主题,从时间的角度出发,融合不同时代的工业元素来表现工业的律动,传承矿冶文化的精神。

（二）砖筑分析

　　矿冶博物馆的选材参考了周边的建筑，以红砖为主，辅以钢构材料、玻璃等（图4-20）。红砖色泽鲜亮，表面粗糙，肌理感十足，通过不同砌法能呈现出不同的视觉效果。砖采用传统的砖砌手法，能够为建筑代入工业文化的年代感和历史感；采用花式砌法，可为建筑增添生动感和灵活性。博物馆的入口主要由红砖、工字钢和玻璃构成（图4-21）。砖筑部分运用了重复、堆叠和镂空等砖筑手法。从入口门厅顶部的造型叠砖，到入口处外墙的镂空砖，再到入口处的钢构，都运用到了一种规律性的、数量庞大的堆叠方式，给人以一种强烈震撼的视觉刺激。门厅处光照条件良好，镂空砌筑形成强烈的光影效果。入口大门顶部采用叠砖砌筑。种类繁多的花式砖砌手法用于入口处两侧的建筑外墙，包括螺旋式砌法、嵌入式砌法、镂空式砌法等（图4-22、图4-23、图4-24）。螺旋式砌筑是砖砌的三维曲线表现手法，即在砌筑范围内，每一行砖在上一行砖的位置基础上，顺时针水平旋转5°，形成竖向螺旋形态。嵌入式砌筑将单独的砖块砌入规则平整的砖砌面或者转角上，

图4-20　黄石市矿冶博物馆

图 4-21　博物馆入口效果图

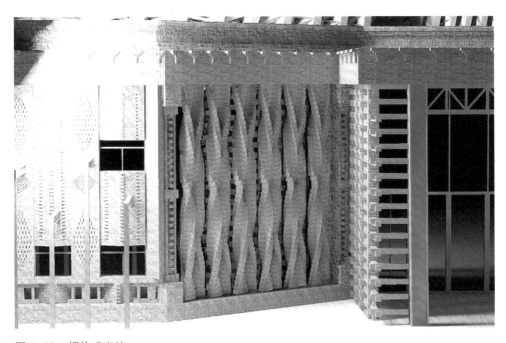

图 4-22　螺旋式砌法

且多用于光影明暗交界处,用于打破过于规则的平面或者转角,为平整的外墙面在垂直方向上增添变化。镂空式砌筑手法是适量增大砖与砖之间的间隔,在墙面上获得砖块和投影的律动。

中庭的下沉大厅(图 4-25)位于整个建筑的中心,其砖铺地采用弧形砖材拼

图 4-23　嵌入式砌法

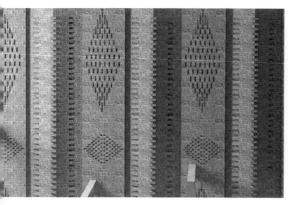

图 4-24　镂空式砌法

图 4-25　中庭效果图

砌向心图案,体现中心的视觉导向性。下层大厅四周设有阶梯,阶梯的砖铺设也具有视觉导向性。穿插其间的梯台在砖铺设上除了行走功能外,还增加了坐的意向。梯台为一层顺砖一层英式砌筑交叉两层铺设,顶部一层铺设为陡板立砌铺设,四层的平砖铺设与一层的立砖铺设形成的高度为 350 mm,梯面八个陡板两排立砌铺设结构形成了 470 mm×470 mm 的梯面[1],为座椅常规尺寸。

建筑形态的律动感有赖于露台的轻钢结构(图 4-26)。露台东西两侧为餐饮区,采用传统砖窑造型。顶部覆盖的曲面塑性钢顶棚呈律动性起伏,与设计主题呼应。轻钢构筑与砖筑的并置,确保了建筑外观的均质和谐。

矿冶博物馆的砖块不仅是建筑材料,更像是一个个艺术的个体,承载着工业文化的灵魂,实现工业与艺术的完美交融。

图 4-26　露台效果

---

① 王姿. 从红砖美术馆看传统砖筑结构的现代设计应用[J]. 设计,2019.

三、时光·缝影——红钢城社区活动中心建筑设计

（一）概况

红钢城社区活动中心位于武汉市青山区红钢城街，街区代表性元素为著名的青山"红房子"片区，其见证了我国现代工业城市的发展历程，已被列为武汉市二级工业遗产。红钢城社区活动中心设计以延续城市工业记忆为主旨，以再生街坊风貌为目标，将设计主题定为"时光"。在充分尊重"造价"与"施工"的限制条件下，社区活动中心以友好的方式协调着与周围环境的关系，体现在简洁、方正的建筑体块，合宜的尺度，传统的红砖，几何镂空花窗等方面。该活动中心是一个充满活力的休闲、运动、健康中心，包含老年活动室、社区卫生室、读书学习室、精神文明宣传中心、文化活动中心、社区居民服务站、中心活动庭院等空间（图 4-27）。

（二）砖筑分析

社区活动中心建筑设计本着"低成本"的原则，没有追求建造方式上的过多变化，仅通过红砖自身颜色与砖筑肌理的差异来体现材料与砌筑的最基本特质，延续了人们对"红房子"的城市记忆，建筑在后期也无需过多养护。

在建筑设计中，通过清水砖墙、浅灰色粉刷线条等的运用来延续街区内老建筑的整体风貌。同时，对街区内历史建筑形式要素进行提炼与转化，如渐变砌筑的红砖外墙、粗大的砖筑壁柱、钢结构的玻璃门廊、简洁的竖向条窗、镂空砖筑长廊等，使得新建筑在具有"传统韵味"的同时体现出鲜明的个性。在延续砖的色彩与质感所传递的历史人文气息的同时，进一步挖掘既符合砖的力学特性又区别于传统模式的潜在建构逻辑和组合方式，从而形成新的建筑语言和肌理效果 ①。在二楼的精神文明宣传中心，砖材砌筑的造型墙面取代了苏式红房子的预制混凝土花

---

① 王彦辉，齐康. 建筑的时空切入点——南京外秦淮河南岸养虎巷段景观改造中的新建筑设计[J]. 建筑学报，2010（2）.

图4-27 红钢城社区活动中心效果图

格,建筑线条更加轻盈、挺拔,室内光影更加匀质、清晰,符合当代的居住及审美需求。

整个建筑以开敞的活动庭院为中心,所有房间紧凑地围绕庭院呈对称式布局。围绕中心庭院的墙面采用镂空砌筑。镂空的花式砖墙既有一定的通透性,也具有明确的实在感,它对空间的分割强于连通。为了降低建筑使用能耗,应对当地夏季的湿热,建筑两端的外墙尽可能多的采用了镂空砌筑的形式,在风穿过镂空墙面的同时也能保证各个区域的私密性。砖墙镂空砌筑(图4-28、4-29)在满足了室内微气候调节的同时,增加了墙面的节奏与韵律感,且重复与渐变的光影赋予建筑灵动感(4-30)。

"时光"见证了红钢城的成就和转型,留下了红色工业记忆和温情的住区文化。时光掠过建筑留下"缝影"。通过"时光•缝影"来延续和谐融洽的社区氛围,见证红钢城新时代的开启。

图 4-28　渐变砌筑

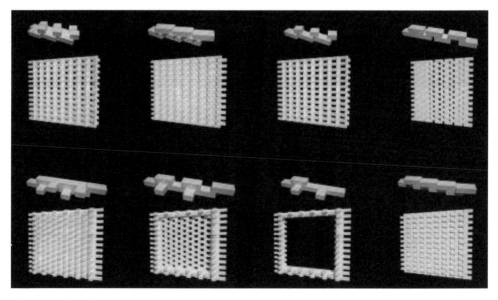

图 4-29　砖材组合造型

图 4-30　砌筑光影

四、红钢城景观设计

（一）概况

红钢城居住区景观设计项目位于湖北省武汉市青山区红钢城第八、九街坊。红钢城是"一五"期间工业文化的历史遗存，其中第八、九街坊建设时仿照"街坊—扩大街坊"的苏联模式规划布置，采用了围合式的规划方式，容积率比较低 ①。从卫星航拍图可以观察到其格局似"囍"字，主要建筑形式为红砖砌筑的低层建筑。

红钢城景观设计以"囍"为设计概念，以"圆"为主要设计元素（图 4-31），借鉴传统园林的景色分层方法来营造景观空间的层次感和深度感，达到步移景异的景观效果。红钢城景观材料以红砖为主，既与场地周边建筑主材相呼应，营造了统一的秩序感和归属感，又传承了该街区文脉和时代精神。

① 柳婕. 工业区住宅环境改造设计初探——以武汉市青山"红钢城"第八、九街坊为例[J]. 华中建筑，2011（3）.

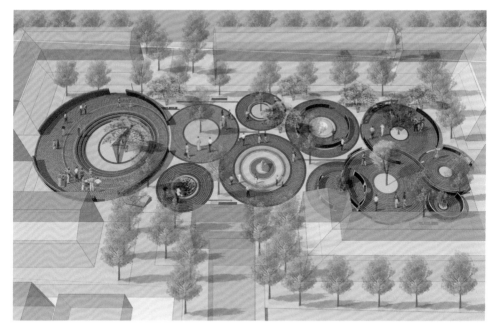

图 4-31　红钢城悬观鸟瞰图

（二）砖筑分析

　　红钢城景观设计"以墙为序"，墙体层层递进，空间自然划分。景观墙的设计采用中国古典造园手法——借景、对景、框镜、障景等对空间进行划分，形成私密的、半私密的、半开敞的、开敞的等空间类型（图 4-32 ）。景墙为红砖砌筑，主要采用镂空砌筑、凹凸砌筑、旋转砌筑等砌筑方法。

　　镂空砌筑的景观墙的功能显示在以下两方面：在空间性方面，既弱化了空间边界，达到了隔而不断的空间视觉效果，又增加了空间层次感，增加了场所交流的可能性；在装饰性方面，间隔均匀的镂空孔洞形成各异的景框，带来视线与空间的延伸感（图 4-33 ）。镂空砌筑形成了光影流转的景观空间体验，使得红钢城具有四时不同之影（图 4-34 ）。

图 4-32　红钢城中的借景、对景、框镜、障景

　　凹凸砌筑使景墙打破了二维墙面的拘束,创造了三维空间的生动效果。或均匀有序,或均量渐变的凹凸砌筑方法结合镂空砌筑形成了红钢城景观墙视觉效果上的韵律感和节奏感(图 4-35)。

　　旋转砌筑与镂空砌筑的混合砌筑形成了特定的或具有渐变特点的立体景墙。虽然砖材的可塑性不如钢材和水泥那般随意,但是在砌筑过程中可以通过单块砖的无限重复来形成视觉效果上的律动感。(图 4-36)

图 4-33　囍砖苑镂空砌筑景墙

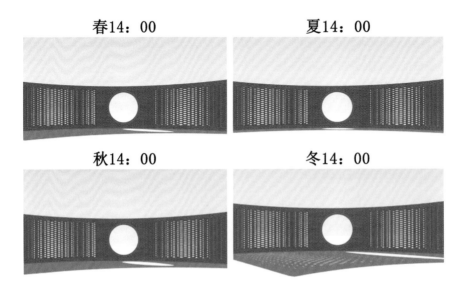

图 4-34　不同时刻镂空砌筑墙光影效果

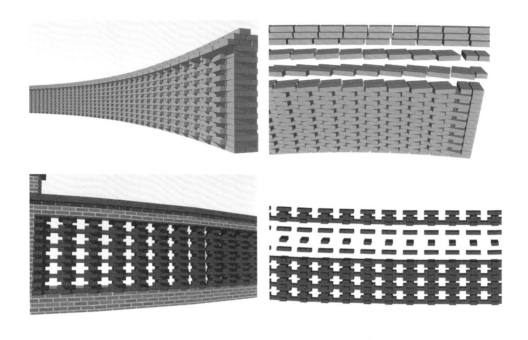

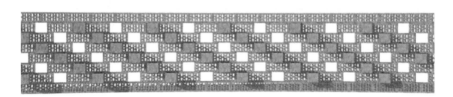

图 4-35 红钢城中的凹凸、镂空砌筑

砖材料在旋转砌筑中有犬齿和斜置两种排列方式。为了形成"犬齿",丁砖与墙壁的表面要呈 45° 角。需要特别注意的是,暴露的拐角处要在垂直方向仔细地排列成一直线。为了达到接合强度,在犬齿镶嵌板中的砖块每一个层列都要改变方向。斜置就是砖块处于一种倾斜状态,砖突然出来的一个角组成有规律的图案。每一块顺砖长度的四分之一都比下一个层列突出。每一块在层列中连续排列着的砖块的后侧角都与前一块砖块的丁砖中心部分进行连接。

砖筑景墙是红钢城园林景观空间营造的重要手法之一,其砌筑手法以镂空砌筑为主,辅以凹凸砌筑和旋转砌筑。砖筑景墙在划分空间的同时,为重塑邻里关系

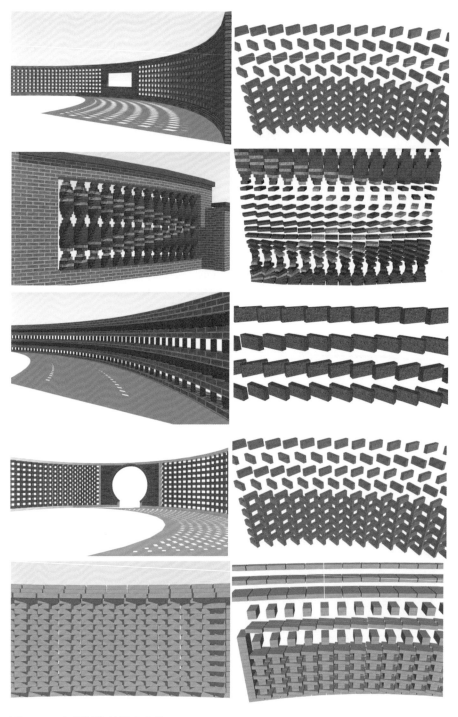

图 4-36　红钢城旋转镂空砌筑

提供了契机。

　　红钢城种植池为圆形砖筑,与主题相契合。种植池的砌筑双层砌筑、(单层砌筑、多层砌筑、组合式砌筑)与地面铺装结合,采用或顺、或丁、或斜插的组合方式。(图 4-37)

　　红钢城路面采用透水砖铺装,透水砖具有较高的孔隙率,雨水能够通过透水砖渗透到地下。铺装的图案为圆形。半径较大的圆形一般选择顺砖或侧顺砖来铺砌;半径较小的圆形采用丁砖或者立砖来铺砌(图 4-38)。铺砌时应避免因砖材砌筑不够紧密而导致砖缝一端过大。除此之外,路面铺装中每一块圆形区域的最里侧和最外侧皆采用与中间部分不一样的砖材来砌筑,一方面是为了收口,保证砖

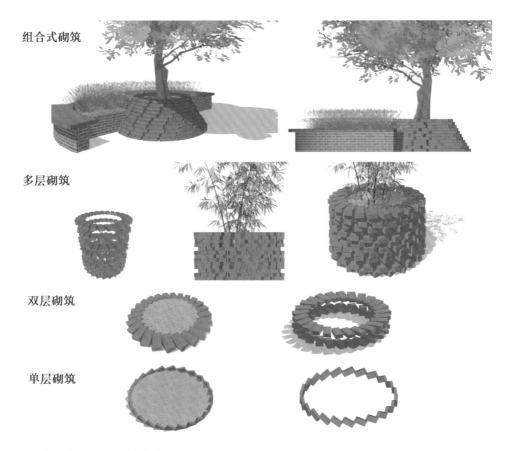

图 4-37　红钢城砖筑树池、花坛

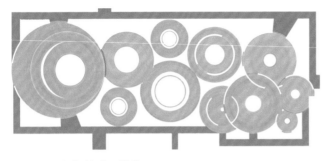

图 4-38　红钢城路面铺装

材在砌筑后期力的分布稳定,另一方面是为了丰富视觉艺术效果,显得松弛有道、对比分明。

红钢城入口处是由圆形台阶围合成的一处下沉式广场,用于举办公共活动。圆形台阶的砌筑方式是丁砖和陡砖的错缝砌筑。在平面形式上,丁砖和陡砖所形成的线条强化了广场的向心性力量,且台阶的砌筑形式有别于与其相接的路面铺装形式,在视觉上形成对比,避免因边界线条弱而存在的安全隐患,尤其是在老年人较多的情况下(图 4-39)。

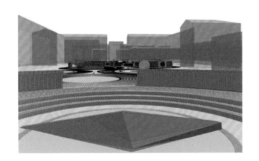

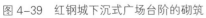
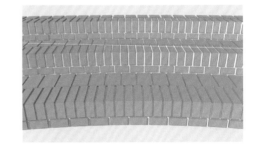

图 4-39　红钢城下沉式广场台阶的砌筑

第五章
结语

　　砖与砖筑技艺伴随着人类文明的发展而不断发展与完善,现在已是一个庞大的系统。可是,砖的建造范围却在缩小,更多的是出现在乡村营建和风景园林建筑中。从技术方面看,现阶段我国各地经济发展不平衡,城乡差距较大,砖及砖筑技艺因其"低技"性能还是颇具发展前景的;从文化方面看,砖筑技艺作为传统营造技艺重要组成部分需要被保护和传承;从可持续性发展的角度来考虑,砖材料和砖筑技艺必须和现代技术相结合,只有不断改进,才能实现传统营造技艺的生产性保护和生活传承。

一、砖材性能的提升

　　传统建筑材料必须不断地改进,才能适应新的时代。砖材料的结构属性和表面属性都需要不断调整,只有与时俱进,才能适应现代建造的需求。

(一)砖材的"升级"

　　砖是低造价的传统建筑材料,加工工艺简单,使用方式"直接"。砖的这些特点与我国现阶段的"低技营造"策略相契合,故至今仍应用广泛。随着科学技术的飞速发展,砖的材料性能会束缚其发展。砖只有与新技术、新工艺相结合,才能摆脱自身性能的局限,扩展材料使用的范围,扩大材料表现的方式。

　　为了提升传统材料的适应能力,人们经常对材料进行工艺处理,虽然材料的物理属性没有根本性的改变,但是材料制成品的性能得到了很大的提升 ①。例如,"气候砖"就是景观铺地砖的"升级"(图 5-1)。为了满足海绵城市建设的需要,2014年,哥本哈根建筑公司"第三自然"参与了一个三年的可持续发展计划,研发出一款可以铺设在人行道上的新型透水砖"气候砖"②。目前,"气候砖"已经进入试点阶段。

Kohan Ceram 砖石生产公司总部大楼(图 5-2)位于伊朗。建筑表皮为"眼镜砖"这种专门研发定制的新型模块化材料。它集透明性和坚固性于一身,可以从中窥见城市面貌。"眼镜砖"除了用来砌筑、修饰和保温外,还用在模块绿化空间的搭建上,试图取代传统的窗户和墙面,从而营造出一些独特的内部空间。

此外,我们需要有效地控制砖生产环节,以引导生产方式的转变,并建立完善的本土行业体系。欧洲的黏土砖有着完整的生产体系,生产过程使用全封闭、可循环系统,从黏土的开采和选择,到砖坯制作、烧结,再到砖产品的包装和质量检测,都制定了严格的标准,不仅提高了产品质量,而且在生产的过程中有效减少了废水、烟尘对环境的污染。要有节制地控制黏土开采量并且提高利用率,黏土采集地可经过处

图 5-1 气候砖和人行道上既有地砖 ③

① 郑小东.建构语境下当代中国建筑中传统材料的使用策略研究[D]清华大学 ,2012.

② 杜晓蒙.建筑垃圾及工业固废再生砖[M]. 北京:中国建材工业出版社,2019:127.

③ 图 5-1 图片来源 https://www.sohu.com/a/288465692_354905

图 5-2　Kohan Ceram 砖石生产公司总部大楼 ①

理转变成农业和林业用地。我国的砖生产行业与欧洲相比存在一定的差距,我们可以借鉴欧洲相关企业的经验,如维纳博艮集团等,鼓励制砖企业发展成有一定规模体系的砖生产企业,利用非农业土地资源生产出更新颖、更环保的砖。

① 图 5-2 图片来源 https://www.gooood.cn/kohan-ceram-building-by-hooba-design-group.htm

（二）砖材的"新生"

砖材料的未来发展不仅需要"自我提升"，还需要与其他材料结合应用。不同材料具有不同的"本性"，呈现出不同的"属性"，具有不同的构造方式。砖材与石材、木材、金属和玻璃等材料的组合使用是挖掘和拓展砖的表现力的一条既简洁又有效的途径。

1. 砖材与石材

砖材与石材的组合使用有着悠久的历史。文艺复兴时期，欧洲建筑有很多砖砌层和石砌层交错在一起。石材与砖相比，给人的感觉较为沉重，因此常用于建筑的下部，给人以稳重感；或者在砖墙体的转角处或建筑的主入口处砌筑石材，强调重点①。现阶段，技术的进步也促成了石材工艺的革新，例如将石材加工得很薄。我们需要不断摸索砖石组合使用的新形式，以满足时代需求。

2. 砖材与木材

由于两种材料自身功能特征的互补性，砖材与木材的结合应用成为人类从事建造活动以来运用历史最长、最古老的材料组合形式。无论是在原始住屋，还是在文艺复兴时期的建筑遗迹，都能找到它们难解难分的痕迹。它们在建筑形象上的和谐早已被人们接受。由于材料力学性能的不同，砖与木材在建筑应用上需遵循一定的建构逻辑。砖多承受压力，用作墙体、台阶等；木材多承受弯矩，多用于屋顶及墙身上部、门窗家具等。

3. 砖与金属、玻璃

金属和玻璃被大量运用于现代房屋建造，但金属和玻璃存在着自身的缺点和弊端。首先，金属和玻璃是人造材料，其质感缺乏亲和力。其次，金属和玻璃带来了光污染和高能耗，且建筑维护费用偏高。砖与金属和玻璃的结合使用可以相得益彰，砖材的手工感、历史感、亲切感可以弥补金属和玻璃的机械感和冷漠感，金属

---

① 戴志中. 砖石与建筑[M]. 济南：山东科学技术出版社，2014：63.

图 5-3 砖与不锈钢、玻璃的组合 [①]

和玻璃可以提升砖材的现代感。(图 5-3)

4. 旧砖新用

作为一种基本建造单元,砖相比于其他建筑材料的一大优势在于其建造过程的可逆性。在一栋砖建筑被拆除后,我们可以将其绝大部分砖回收再利用。例如王澍建筑中的对传统瓦爿墙的戏剧性表达。砖的这种再利用除必须的拆解与整理操作外,不需要附加的物理化学过程,砖也不产生附加的碳排放。而且旧砖比新砖更具感染力。由于砖的模数化特征,因此可以轻松实现旧砖与新砖的连接。但在建造过程中完全使用旧砖也是不可能的 [②]。我们需要不断摸索,建立新旧砖结合使用的新模式。

---

① 图 5-3 图片来源 http://www.banjiajia.com/posts/57638
② 张利. 关于砖与可持续性的 4 个问题[J]. 世界建筑,2014(7):20.

图 5-4　修复后的阿斯特里城堡 ①

2013 年获得英国斯特林奖的阿斯特里城堡修复工程就是新旧砖材料和谐交织的结果。城堡修复时混合使用了当地的红色天然石材、旧砖和新的手工砖,呈现出柔和的拼贴画般的形式。建筑的新旧部分结合得很巧妙,但还是可以明显区分开来 ②。(图 5-4)

二、砖筑技艺的数字化转型

在当代建筑实践中,砖的应用一度被新的建构方式抛弃,这是因为新的结构系统不断出现。随着砖摆脱了作为结构系统的存在的限制,转向至材料性能的角度去发展其特质 ③,砖的美学性能得到全新表现。传统砖筑技艺实现了文化属性建构背景下的一次创新。传统砖筑技艺主要表现为"顺"和"丁"的组合方式,此后,在"三顺一丁""五顺一丁""梅花丁"等经典砌筑方式基础上发展出多种组合砌筑,如透空砌筑、旋转砌筑等,形成了种类繁多的砖筑图式。但究其本质,砖与砖之间仍

---

① 图 5-4 图片来源 http://www.banjiajia.com/posts/57638

② 司马蕾. 阿斯特里古堡,阿斯特里,沃里克郡,英国[J]. 世界建筑,2014(7):9.

③ 袁烽,张立名. 砖的数字化建构[J]. 世界建筑,2014(7):26.

然只有平行与垂直两种关系。

目前,随着计算机技术在建筑领域的应用和普及,数字建筑已经成为一个热门的话题和研究方向,为建筑设计和建造带来了变革。在此背景下,要将砖筑技艺延续至未来,必须进行数字化演绎,找到符合当今时代特质的表现方式。要实现砖的多维度建造自由,必须借助数字技术才能获得广阔前景。传统的砌筑方式难以解决基于参数化设计生成的复杂砖墙在建造过程中所面对的砖块的复杂空间定位、非标准角度旋转,以及误差控制和校准等各种问题①。

"绸墙"和"水墙"这两个设计案例即代表了当代建筑设计师基于数字化方法和工具建立的超越平行与垂直的逻辑系统,是砖的美学性能方面的新的尝试。数字化思想还需要进一步深入到对砖的抽象理解中。数字化工具还有极大的挖掘与研究空间,设计方法、建造工具的革新必将为砖筑技艺的数字化转型带来更多的可能性与可行性。②

砖是古老而经久不衰的材料,它的使用贯穿人类整个建筑史。砖凭借独有的人文情怀和美学特性,从支撑到围合人类的使用空间,赋予建筑以感知和灵性。在当代中国,砖和砖筑技艺通过与现代技术、思想的结合让砖筑空间充满历史人情味,变得更加实用与高效。

① 罗丹,徐卫国. 参数化砖墙的新型建造方式研究[J]. 建筑技艺,2017(7):110.

② 袁烽,张立名. 砖的数字化建构[J]. 世界建筑,2014(7):29.

参考文献

[1] 傅熹年. 中国科学技术史•建筑卷[M]. 北京:科学出版社,2008.

[2] 刘大可. 中国古建筑瓦石营法[M]. 北京:中国建筑工业出版社,2015.

[3] 李浈. 中国传统建筑的形制与工艺[M]. 上海:同济大学出版社,2006.

[4] 田永复. 中国园林建筑施工技术[M]. 北京:中国建筑工业出版社,2002.

[5] 张驭寰. 我国古代建筑材料的发展及其成就[A]. 建筑历史与理论(第一辑)[C].1980.

[6] 李诫. 营造法式(手绘彩图版)[M]. 重庆:重庆出版社 ,2018.

[7] 宋应星,国学经典文库编委会. 天工开物[M]. 成都:四川美术出版社,2018.

[8] 王俊. 中国古代陶器[M]. 北京:中国商业出版社 ,2015.

[9] 张力. 图解砌体工程施工细部做法 100 讲[M]. 哈尔滨:哈尔滨工业大学出版社,2016.

[10] 张利. 关于砖与可持续的 4 个问题[J]. 世界建筑, 2014(8).

[11] 钱才云,张宋滁,周扬. 传统建筑技艺的当代运用——以南京地区两个砖、竹建筑实践为例
     [J]. 城市建筑,2018(2).

[12] 王新征. 材料意义的建构:以中国传统砖作美学意蕴的变迁为例[J]. 华中建筑,2016(11).

[13] 王南. 古罗马建筑传统的继承与创新——简析梅里达国立古罗马艺术博物馆设计[J]. 世
     界建筑,2006(9).

[14] 彼得•里奇建筑事务所. 砖筑特别方案奖:马篷古布韦导览中心,马篷古布韦国家公园,南
     非[J]. 世界建筑,2012(9).

[15] 尚晋. 马篷古布韦导览中心,林波波省,南非[J]. 世界建筑,2013(11).

[16] 彭雷. 大地之子——英裔印度建筑师劳里•贝克及其作品述评[J]. 新建筑,2004(1).

[17] 赫尔穆特•施耐德. 古希腊罗马技术史[M]. 张巍译,上海:上海三联书店,2018.

[18] 王旭,黄春华,高宜生. 中国传统建筑营造技艺的保护与传承方法[J]. 中外建筑,2017(4).

[19] 张光玮. 关于传统制砖的几个话题[J]. 世界建筑,2016(9).

[20] 许剑峰. 建筑材料形态美学[M]. 大连:大连理工出版社,2017.

[21]　袁建力. 古塔保护技术[M]. 北京:科学出版社,2015.

[22]　刘一鸣. 古建筑砖细工[M]. 北京:中国建筑工业出版社,2004.

[23]　周骏. 古建筑砖细工[M]. 北京:中国建筑工业出版社,2017.

[24]　朱明岐. 明止百砖[M]. 杭州:浙江大学出版社,2018.

[25]　普法伊费尔. 砌体结构手册[M]. 朱美春,等,译. 大连:大连理工大学出版社,2004.

[26]　肯尼思·弗兰姆普敦. 建构文化研究——论19世纪和20世纪建筑中的建造诗学[M]. 王骏阳,译. 北京:中国建筑工业出版社,2007.

[27]　罗杰·斯克鲁顿. 建筑美学[M]. 刘先觉,译. 北京:中国建筑工业出版社,2003.

[28]　苏州市城乡建设档案馆. 砖忆——以城建视角解读砖的历史[M]. 苏州:古吴轩出版社,2017.

[29]　尼尔斯·凡·麦里恩博尔. 建筑材料与细部结构——砖石[M]. 常文心,译. 沈阳:辽宁科学术出版社,2016.

[30]　褚智勇. 建筑设计的材料语言[M]. 北京:中国电力出版社,2006.

[31]　詹姆斯·W.P. 坎贝尔. 砖砌建筑的历史[M]. 戎筱,译. 杭州:浙江人民美术出社,2016.

[32]　普法伊费尔,等. 砌体结构手册[M]. 张结敏,等,译. 大连:大连理工大学出版社,2004.

[33]　楼庆西. 砖石艺术[M]. 北京:中国建筑工业出版社,2010.

[34]　楼庆西. 乡土建筑装饰艺术[M]. 北京:中国建筑工业出版社,2006.

[35]　戴志中,黄颖,陈宏达,等. 砖石与建筑[M]. 山东:山东科学技术出版社,2004.

[36]　王新征. 材料意义的建构:以中国传统砖作美学意蕴的变迁为例 [J]. 华中建筑,2016（11）.

[37]　鹿习健. 浅析"砖"在中国古代的各类用途 [J]. 砖瓦,2017（5）.

[38]　姜娓娓,祖大军. 砖与建筑[J]. 城市建筑,2011（5）.

[39]　卜德清,刘天奕. 砖的砌筑方式及艺术表现[J]. 建筑技艺,2018（7）.

[40]　王澍. 我们需要一种重新进入自然的哲学[J]. 世界建筑,2012（5）.

[41]　黄冠南. 透空砖墙的地域性表达——劳里·贝克的砖建筑实践[J]. 建筑工程技术与设计,2015（4）.

[42]　袁烽. 砖的数字化建构[J]. 世界建筑,2014（7）.

[43]　龙马琳,胡清波. "建构"的砖石砌体——对砖石砌块叠砌构筑方式的分析[J]. 中外建筑,2010（7）.

[44]　袁烽,吕东旭,孟媛,等. 兰溪庭（水墙）[J]. 新建筑,2014（01）.

[45]　孙宝亮. "砖建筑" 语言研究[D]. 大连：大连理工大学,2008.

[46]　肖华杰. 砖瓦在当代的建构策略研究[D]. 南京：东南大学,2017.

[47]　梁超凡. 砖在当代建筑设计中的艺术表现研究[D]. 南京：东南大学,2015.

[48]　郑小东. 建构语境下当代中国建筑中传统材料的使用策略研究[D]. 北京：清华大学,2012.

[49]　高蔚. 中国传统建造术的现代应用——砖石篇[D]. 杭州：浙江大学,2008.

[50]　李睿卿. 砖的模式语言[D]. 北京：清华大学,2013.

[51]　金峰. 砌筑解读[D]. 杭州：浙江大学,2007.

后　记

砖在中国传统建筑文化中一直都在,是一种默默无闻的存在,也是一种必不可少的存在。与木结构相比,砖石建筑处于次要的地位,是木结构建筑的辅助和补充。

砖在初期是没有"烟火气"的,因为它建不了大跨砖石拱券,而土木结构已经发展起来了,在西汉时,砖用于建墓室。久之,在人们的观念中就把拱券和墓冢联系起来,故砖更难用于宫室。东汉末年,砖开始用于建桥梁;魏晋南北朝时期开始用砖砌砖塔;明代开始用砖修城墙,这些用途也是其属性所至,其中很多卓著的砖筑建筑一直留存至今。到了明朝,砖才开始大量出现在天南地北的民居中,但地位始终不能和木构建筑匹敌。

砖的发展历程对后世的理论研究造成了一些影响。现在传统木作技艺研究进行得如火如荼,而传统砖作技艺的研究却有些冷清,或是几篇论文,或是传统技艺研究类专著的一个章节,单纯的善于传统砖作技艺的著作甚少。时至今日,砖在设计中的地位已不可小觑,或作承重结构,或作表皮装饰……特别是它在新农村建设中的地位可谓举足轻重,于是著者在文献中爬梳剔抉,撰写此书。

本书是在吴甜、吴可、刘奕、蔡炎四位同学的鼎力协助下完成的,特此感谢;在此还特别感谢湖北大学叶云教授在繁忙公务中拨冗指导,感谢武汉科技大学新农村建设研究中心的全力支持,感谢华中师范大学美术学院同事的帮助。书中研究和阐释的内容为我们的粗浅之见,引用的素材均已标示,不敢掠美。若有疏漏,还请指正。对这些"被引"素材的前辈和同仁在此一并谢过,其探赜索隐让本书得以取精用宏。

最后,望读者、同行多多匡正。

万妍彦